Andreas David

Unter Rehen

Biologie • Bejagung • Hege

Müller Rüschlikon

Für Tünn, Muck und Lucky

Ein kleines Dankeschön

Allen voran gilt mein Dank meinen Mitstreitern Peter Burkhardt (Layout, Beratung), Anita Ehrhorn (Korrektur) und Willi Rolfes (Illustration). Sie haben weder Zeit noch Mühen gescheut und mich maßgeblich unterstützt.

Weiterhin möchte ich mich bei meinen Freunden Hennig Brandes und Reinhard Becker aus der Querumer Heimat bedanken, die mich in jungen Jahren ein Stück weit jagdlich „geprägt" haben und mir bis heute mit Rat und Tat zur Seite stehen.

Ebenso muss ich Dank sagen an Holger Robrahn, Günther Härtel, Harald Albinus, Rudi Hoheisel, Horst Neumann (†), Arthur Wohler und Willi Böttcher, die mir durch ihre akribischen Protokolle während des „Rehprojektes Radbruch" zahlreiche Einsichten in das Leben der Rehe bescherten.

Ein Schmalreh? Foto: Fritzi Weiss

Impressum

Einbandgestaltung: Luis dos Santos

Titelbild: Willi Rolfes

Bildnachweis: Alle Bilder und Grafiken vom Verfasser, wenn nicht anders gekennzeichnet.

ISBN 978-3-275-01845-1

Postfach 103743, 70032 Stuttgart
Ein Unternehmen der Paul Pietsch Verlage GmbH & Co. KG
Lizenznehmer der Bucheli Verlags AG, Baarerstr. 43, CH-6304 Zug

1. Auflage 2012

Sie finden uns im Internet unter www.mueller-rueschlikon-verlag.de.

Lektorat: Anita Ehrhorn
Innengestaltung: Die Text- & Bildmanufaktur, www.tubm.de
Druck und Bindung: Graspo CZ, 76302 Zlin
Printed in Czech Republic

Inhalt

Liebe Leserinnen und Leser,

etwa 30 Jahre lang beschäftige ich mich nun intensiv mit dem Rehwild. Naturgemäß nicht immer und überall, aber eben immer wieder. Warum? Mit Rehen wird es nie langweilig! Zu komplex und variabel sind die Verhaltensweisen dieser in höchstem Maße anpassungsfähigen und erfolgreichen Wildart.

Seit vielen Jahren nun wohne ich direkt im Revier. An sich schon mal ein großes Glück, dessen ich mir absolut bewusst bin. Und ebenso lange äugen mir einige Vertreter unseres kleinsten heimischen Cerviden nicht nur in harten Wintern aus wenigen Metern in das Wohnzimmer- oder Küchenfenster. Vor diesem Hintergrund entstand im übertragenen Sinne der Titel dieses Buches. Trotzdem bin ich weit davon entfernt, auf den folgenden Seiten mit nierenförmigem Spiegel den Rehflüsterer zu geben. Denn mit einer bemerkenswerten Hartnäckigkeit weigert sich das Rehwild, sich in unser so lieb gewonnenes Schubladendenken pressen zu lassen. Kurzum: Rehe sind eigentlich unfassbar.

Ebenso bleiben sie für uns immer wieder für eine gewisse Zeit und in unbekannter Zahl einfach unsichtbar. Vielleicht auch dauerhaft. Dies zeigten mir nicht zuletzt sichtmarkierte Stücke, die nach dem Motto „Ich bin dann mal weg" auf immer und ewig verschwunden blieben. Doch wer weiß schon, was im Revier passiert, wenn wir nicht draußen sind? Auch oder vor allem beim Rehwild sollten wir uns deshalb hüten, die vergleichsweise wenigen eigenen Beobachtungen zum Naturgesetz zu erheben. Ziel dieses Buches ist es, speziell bei jungen Jägern etwas zum besseren Verständnis der Rehe in ihren so unterschiedlichen Lebensräumen beizutragen. Weiterhin soll es dazu ermuntern, unser jagdliches Handeln fortlaufend zu hinterfragen und gegebenenfalls den sich wandelnden Rahmenbedingungen anzupassen.

Einige ältere Zunftgenossen sind als „Jagd- und Rehpäbste" diesbezüglich leider beratungsresistent. Sie mögen es mir bitte nachsehen.

Es geht auf den folgenden Seiten folglich nicht darum, ob und warum die Rehe zum Beispiel in Mittelfranken leichter oder schwerer sind als in der Magdeburger Börde. Meine Absicht war es, einige Erkenntnisse und Abläufe sowie daraus resultierende Probleme zu schildern, die Rehwild und Jäger gleichermaßen betreffen und zwischen Letzteren immer wieder kontrovers diskutiert werden. Dabei wird leider nur allzu oft vergessen, dass auch Rehe Wildtiere mit artspezifischen Bedürfnissen und Lebensäußerungen sind, die es einfach nicht verdienen, wie eine Flipperkugel zwischen Aufartung, Trophäenjagd, Wildschäden und Jagdneid sowie weiteren und mitunter absonderlichen Ansätzen und Interessen hin- und hergeprellt zu werden. Es ist nicht fair, die Rehe für unsere eigenen Fehler und Unzulänglichkeiten verantwortlich zu machen. So möchte dieses Buch, bei allen jagdlichen Notwendigkeiten, auch für etwas mehr Verständnis und weniger Egoismus in unserer so vielschichtigen Beziehung zum Rehwild werben.

Wir sollten Rehe endlich wieder Rehe sein lassen. So, wie sie sind: großartig, faszinierend und liebenswürdig.

Munter bleiben!
Ihr

Andreas David

Ohne Worte ...
Foto: Willi Rolfes

Rehe in menschlichen Spannungsfeldern

Meine Rehe – Deine Rehe …! Wer kennt sie nicht, die leidigen Diskussionen um die Höhe der Wildbestände, um Verbissgutachten und Abschussvorgaben? Oder solche um das Alter von Rehböcken, um Kitz- und Trophäengewichte und vieles mehr. Muss das sein? Haben wir keine anderen Sorgen?

Über keine andere europäische Wildart sind wissenschaftliche Projekte in einer derart großen Zahl gelaufen wie über das Reh. Der kleine Cervide beschäftigt Jäger, Wildbiologen und Forstleute gleichermaßen. Entsprechend umfangreich ist das Schrifttum zur Bio- und Ökologie sowie zur Bejagung und Hege des Rehwilds.

Raoul Ritter v. Dombrowski war es vorbehalten, die erste umfassende Monographie über den etwa 25 Millionen Jahre alten Trughirsch zu verfassen, die unter dem Titel „Das Reh" im Jahre 1876 in Wien erschien. 1905 folgte dann der Klassiker „Das Rehwild" von Ferdinand v. Raesfeld (mittlerweile in 9. Auflage), 1979 „Rehwild" von Cristoph Stubbe und Harro Passarge (4. Auflage 1997) sowie einige mehr. Hinzu kommen unzählige jagdpraktische und belletristische Beiträge in der Jagdpresse.

Abgesehen vom Hochgebirge weit oberhalb der Baumgrenze sowie vom Wattenmeer gibt es wohl kaum Reviere in unserem Land, in denen Rehwild nicht vorkommt – zumindest als regelmäßiges Wechselwild. Rehe nutzen unsere Gärten, Parks, Friedhöfe und Sportanlagen ebenso wie Feld und Wald. Wie keine andere Wildart ihrer Größenordnung, vielleicht mit der Ausnahme des Schwarzwildes, verstehen es Rehe, sich mit den Gegebenheiten einer intensiv genutzten Kulturlandschaft erfolgreich zu arrangieren. Und mit hoher Wahrscheinlichkeit gab es zu keiner Zeit und in keinem Areal der Erde Rehe in einer durchschnittlich derart großen Zahl und solch weiten Verbreitung wie in den zurückliegenden drei Jahrzehnten in Deutschland und einigen weiteren Staaten Europas, allen voran in Polen.

Entsprechend hoch sind die jährlichen Rehwildstrecken. Bereits 1992 überschritt die Zahl der bundesweit erlegten Rehe (inkl. Fallwild) erstmals die Millionengrenze und hält sich seither konstant darüber. Schon Jahre zuvor hatte die Streckenentwicklung die der klassischen Niederwildarten, zum Beispiel jene des Feldhasen, weit hinter sich gelassen. Längst ist das Rehwild also zum bedeutendsten Jagdwild der Jäger Deutschlands und Mitteleuropas geworden.

Doch trotz seiner Häufigkeit und Verbreitung und trotz intensiver Forschung stellt uns die Bio- und Ökologie der Rehe stets erneut vor kaum zu lösende Fragen und Pro-

Der bange Blick auf die Böcke des Nachbarn, Neid, ehrliche Mitfreude oder wohlwollendes Interesse? Foto: Burkhardt Winsmann-Steins

bleme. Und nur allzu oft schon wurden Erkenntnisse, von denen man meinte, sie zu überregional gültigen Regeln verallgemeinern zu können, durch neue Ergebnisse an anderer Stelle weitgehend relativiert.

Zu unterschiedlich sind die Lebensräume der Rehe samt aller ökologischen Parameter: die Wilddichte, das Geschlechterverhältnis, das Äsungs- und Deckungsangebot, Störfaktoren und Klimaeinflüsse, die Form der Forst- und Landwirtschaft, der Zugriff von Beutegreifern und vieles mehr. Hinzu kommt die unglaubliche Anpassungsfähigkeit und immense Variabilität der Verhaltensweisen des Rehwilds. Natürlich wissen wir mittlerweile, was Rehe äsen. Ebenso wissen wir um die Eiruhe, um den Zeitpunkt der Brunft und um die Aktivitätsphasen im Jahreslauf. Wir kennen die Zahl der Kitze und potenzielle Zuwachsraten. Auch ist die Morphologie und Physiologie der Rehe gut erforscht.

Darüber hinaus wird das Eis jedoch merklich dünner. Einst feststehende und unumstrittene Regeln zur Altersansprache und -bestimmung, zur Gewichts- und Geweihentwicklung, zur Zählbarkeit und vielem mehr brachen mit dem Fortschritt wildbiologischer Forschung zusammen wie die Kartenhäuser. Rehe kennen diesbezüglich und darüber hinaus kaum Regeln. Zumindest nicht solche, die wir ihnen versuchen vorzugeben. Besonders schwierig wird es zum Beispiel immer dann, wenn man versucht, sich an Regulationsmechanismen hinsichtlich der Wilddichte, der Körpergewichte sowie der tatsächlichen Zuwachsraten heranzutasten. Auch bezüglich seiner Populationsdynamik wirft das Rehwild unsere Prognosen immer wieder über den Haufen.

Treffende Beispiele aus jüngerer Vergangenheit lieferten die Forschungen von Ulrich Wotschikowsky im alpinen Revier Hahnebaum in Südtirol. Noch heute proklamieren vor allem die sogenannten Ökojäger unter uns, dass Rehe – vereinfacht ausgedrückt – bei hoher Wilddichte leicht und schwach, bei geringer Wilddichte dagegen stark und schwer seien. Die Ergebnisse aus Hahnebaum stellten jedoch auch diese Hypothese auf den Kopf. Unter kontrollierten Bedingungen wurde der dortige Rehwildbestand von zuvor etwa 45 Stück pro 100 Hektar Wald, einer wahrlich beachtlichen Wilddichte also, um rund 75 Prozent auf ein Viertel des Ausgangsbestandes reduziert. Die von allen erwartete Reaktion blieb jedoch aus. Die Wildbretgewichte und Fettreserven blieben derweil unverändert.

Eigene Untersuchungen im Forstrevier Radbruch im Norden der Lüneburger Heide, von denen in späteren Kapiteln noch die Rede sein wird, führten zu ähnlichen Ergebnissen. Innerhalb von drei Jahren wurde der Abschuss auf 870 Hektar von 56 auf 110 Stück fast verdoppelt. An den Wildbretgewichten sowie den Gehörnmassen der Rehböcke änderte sich jedoch gar nichts! Offenbar wirkt sich ein solches Vorgehen erst dann aus, wenn die Lebensraumkapazität zuvor bereits ausgeschöpft oder überschritten wurde.

Festzuhalten bleibt wie bereits erwähnt, dass das, was in Region A zutrifft, in Region B längst nicht der Fall sein muss. Zu unterschiedlich sind die Basisfaktoren. Doch ist dies ein Phänomen, das die Wildtierökologie im Allgemeinen kennzeichnet, von vielen Jägern aber nur allzu gern ausgeblendet wird. Auch beim Rehwild sollten wir deshalb mit hochgestochenen Prognosen äußerst vorsichtig sein und einzelne Revierbeobachtungen nicht vorschnell zu allgemeingültigen Fakten erklären. Die Rehwild-Päpste von einst sind allzu oft schon entweiht worden! Carl Amery formulierte es im Rahmen eines Vortrages 1988 an der Uni Oldenburg so:

„Natur ist nicht nur komplizierter als wir denken – sie ist komplizierter als wir denken können."

Hinzu kommt: Definiert man Natur als ein vom Menschen unbeeinflusstes Ökosystem, so stellt man fest, dass Natur in Deutschland und seinen Nachbarländern schlichtweg nicht mehr existent ist. Sämtliche Tier- und Pflanzenarten leben in einer vom Menschen mehr oder minder weitgehend geformten Kulturlandschaft. Und die Tatsache, dass es bekanntlich nicht eben unkomplizierter wird, sobald wir Menschen unsere Hände im Spiel haben, erschwert das Ganze ungemein. Wissenschaftlich seriös erhobene Daten werden je nach eigenem Interesse geflissentlich ignoriert oder selektiv genutzt, genehme Halbwahrheiten bis hin zu metaphysischen Wunschbildern werden dagegen zum Nonplusultra erhoben.

Ungeachtet aller Freuden, die das Rehwild den Jägern und anderen Naturliebhabern unseres Landes bereiten kann, steht es deshalb nach wie vor im Mittelpunkt heftiger Diskussionen und ist nicht selten der Anstoß für nachhaltigen Ärger und Verdruss – besonders im Wald. Zwar ist „der Wald" heute die beliebteste Metapher für Natur im weiteren Sinne, doch ist eben dieser Wald von einer wirklich natürlichen Lebensgemeinschaft ebenso weit entfernt wie unsere Gartenteiche vom Baikalsee. So ist auch das sogenannte Wald-Wild-Problem, unmittelbar verknüpft mit der jeweiligen Wilddichte und Abschusshöhe, einzig und allein ein Problem von Menschen untereinander. Wie immer im Wildtiermanagement geht es letztlich um menschliche Interessen, Ziele, Wünsche und Illusionen. Oder glauben Sie ernsthaft, dass „der Wald" mit „dem Wild" irgendwelche Probleme hat?

Außer Zweifel steht, dass auch Rehe die „natürliche" Verjüngung der Forsten und Wälder verzögern, im Extremfall vielleicht vorübergehend verhindern können. Ebenso dürfte die tatsächliche Rehwilddichte in den allermeisten Wäldern unseres Landes noch immer unterschätzt werden. Doch zum einen ist Wald nicht gleich Wald und zum anderen ist die Höhe des Verbisses durch Rehwild an Waldbäumen nicht zwangsläufig allein eine Funktion der Wilddichte.

Die Jagdpraxis vor Ort und andere Störfaktoren, weitere vorkommende Wildarten, die Erreichbarkeit und Qualität der Äsung außerhalb der geschlossenen Waldbestände, der Aufbau der Waldinnen- und außenränder, ihre sonstige Vegetation sowie spezielle forstwirtschaftliche Maßnahmen und vieles mehr spielen wesentliche Rollen.

Speziell wenn es um die vielzitierte Entmischung hinsichtlich des Gehölz-Artenspektrums durch Verbiss geht, ist die absolute Zahl der Rehe im Lebensraum oft völlig nebensächlich. Denn 30 oder 50 Eichen- oder Buchenpflänzchen einer Forstabteilung unter dem Schirm eines Fichten- oder Kiefernaltholzes, zum Beispiel durch Hähersaat, finden und verbeißen drei Rehe genauso wie 30 Rehe.

Zur obigen Aussage, dass „Wald eben nicht gleich Wald ist", seien erneut die Ergebnisse von Ulrich Wotschikowsky aus Hahnebaum zitiert. Dort konnte selbst bei Rehwilddichten von etwa 40 Stück pro 100 Hektar und zusätzlich zwei bis drei Stück Rotwild sowie fast 20 Rindern auf derselben Fläche kein nennenswerter Verbiss an den Hauptbaumarten festgestellt werden. Der Wald verjüngte sich problemlos auf natürliche Weise – ohne Pflanzungen und Zaunschutz! Wie kann das sein ...?

In kaum einem Gesellschaftssegment wird häufig so emotionsgeladen diskutiert, gestritten und polemisiert wie auf dem Gebiet der Jagd. Doch auch beim subjektiv menschlichen Problemfeld „Wald und Wild" gilt es regional, vor Ort, zu nüchternen Analysen und zielführenden Lösungen zu kommen. Pauschalaussagen der einen Seite, wie „der Rehwildabschuss ist im Wald in jedem Fall zu hoch", sind

Solche Waldbilder sind Menschenwerk und nicht die Folge von Wildverbiss. Foto: Andreas David

ohne eingehende Kenntnisse der tatsächlichen, ortsspezifischen Gegebenheiten ebenso daneben wie der Forstmann, der allein angesichts einiger verbissener Jungbuchen mit starkem Bluthochdruck zum Waffenschrank eilt.

Einerseits sollten die Jäger „im Feld“ vielerorts erkennen, dass eine weitestgehend ausgeräumte und industriell bewirtschaftete Feldflur kein Ganzjahreslebensraum für Rehwild sein kann. Andererseits sollten einseitig waldbaulich orientierte Forstleute realisieren, dass auch Rehe nicht nur im, sondern auch vom Wald leben beziehungsweise leben müssen. Der wissenschaftlich exakten Aufnahme des

Einflusses unterschiedlich hoher Wilddichten auf den reinen (!) Lebensraum Wald sind in Deutschland überdies sehr enge Grenzen gesetzt.

Selbst unsere größten Waldgebiete sind zu klein, als dass nicht stets ein mehr oder minder großer Teil der Rehe auch die Vegetation des Umlandes sowie jene der Freiflächen (Grünland etc.) im Wald nutzt. So kann schon die Verbissintensität an der Waldverjüngung, unabhängig von der absoluten Zahl der Rehe, mit einer geänderten Bewirtschaftung des Umlandes steigen oder sinken.

Die Behauptung, Rehe hätten einen bedeutenden Einfluss auf die Kraut- und Grasflora des Waldes und könnten bei hoher Dichte auch die waldtypische Bodenvegetation verarmen lassen, ist darüber hinaus falsch. Umfassende Äsungsanalysen (z. B. Klötzli 1965) zeigen, dass das Rehwild die typischen Arten der Waldbodenflora artspezifisch eher meidet oder gar nicht beäst. In seinem Fokus stehen vielmehr die sogenannten Vorwaldarten und Spezies der Schlagflora und Waldränder, wie Brombeere, Himbeere, Weidenröschen und Holunder.

Spätestens die Orkane „Vivian" und „Wiebke" im Jahr 1990 sowie weitere folgenschwere Stürme in den einzelnen Bundesländern zeigten, dass die forstliche Reinertragslehre mit Kahlschlagwirtschaft und Monokulturen mit kurzer Umtriebszeit ein Holzweg war. Doch hatten auch vorher etliche Forstleute bereits erkannt, dass eine naturgemäße Waldwirtschaft, die sich schwerpunktmäßig an den Standortgegebenheiten orientiert, nicht nur zu stabileren und artenreicheren Wäldern führt, sondern auch wirtschaftlich sehr attraktiv sein kann. Ein Beispiel also, dass die Interessen von Ökologie und Ökonomie durchaus im Gleichklang stehen können. Seither laufen auf großer Fläche zahlreiche Waldumbauprogramme, die zwar länderspezifisch unterschiedliche Namen tragen, inhaltlich aber weitgehend übereinstimmen.

Zur wirtschaftlichen Seite zählt unbedingt die Senkung von Forstschutzkosten zum Beispiel durch Gatter. Wer jetzt aber erwartet, dass der Wald von heute auf morgen allerorten und ohne Zaun den eigenen Vorstellungen entsprechend wächst und die Naturverjüngung der gewollten Zielbaumarten in kurzer Zeit wie die berühmten „Haare auf dem Hund" steht, ist ebenso realitätsfern wie jener, der meint, hinsichtlich der eigenen Jagdausübung im Wald oder unmittelbar davor nicht eventuell umdenken und Zugeständnisse oder zunächst quantitative Abstriche machen zu müssen.

Vielerorts sind die Rehwildbestände den neuen waldbaulichen Erfordernissen bereits zahlenmäßig angepasst. Die jagdlichen Konzepte sind meist stimmig und zielführend: Intervalljagd bezüglich der Einzel- und Sammelansitze, Bewegungsjagden mit unterschiedlichem Flächenbezug, Schwerpunktabschüsse und Störungsminimierung sowie das Angebot von Alternativäsung oder die Ausweisung von Jagdruhezonen tragen dazu dabei.

Anderenorts aber scheitern jedoch die Bemühungen angesichts des jägerischen und/oder forstlichen Unvermögens noch immer kläglich. Dort gilt es einvernehmlich zu ortsspezifisch umsetzbaren und zielführenden Lösungen zu kommen. Dies können reduzierte Rehwildbestände, die Abkehr von ohnehin nicht erreichbaren forstlichen Illusionen oder aber die berühmten Kompromisse sein. Patentrezepte gibt es dafür allerdings nicht. Doch gehören Überhege und jagdliche Egoismen ganz sicher ebenso wenig dazu, wie die Mentalität, jedes erreichbare Reh selbst unter Inkaufnahme schlechtester Schüsse „hinzurichten".

Bei alledem sollten wir nicht vergessen, dass Rehe eigentlich kein Ärgernis oder Grund für Zank und Zoff, sondern faszinierende Wildtiere sind. Seien wir doch dankbar, dass wir gemeinsam auf Rehwild in einer derart hohen Zahl jagen dürfen. Wir sollten endlich aufhören, darüber zu diskutieren, welchen „viel zu jungen" Grenzbock der Nachbar wieder erlegt hat oder ob das eine oder andere Kitz nicht doch etwas „zu stark" war. Meine Rehe, Deine Rehe ... sollte endgültig der Vergangenheit angehören. Lassen Sie uns gemeinsam, grüne und graue, alte und junge Jäger, mit Freude und ohne Neid und Missgunst jagen. Jagd muss Freude machen! Denn abgesehen von der Wahrnehmung gesetzlicher und gesellschaftlicher Aufgaben gehen wir alle doch genau deswegen zur Jagd – oder?

Rehe leben nicht nur im, sondern auch vom Wald. Brennesseln allein machen aber nicht satt. Foto: Willi Rolfes

Die Hege mit der Büchse im Wandel der Zeit

Die Lebensraumverhältnisse und weitere Umweltfaktoren haben sich in den zurückliegenden 100 Jahren grundlegend gewandelt. Und mit ihnen die Wildbestände sowie die jeweiligen Ziele und Erfordernisse ihrer Bejagung – auch beim Rehwild. Die so genannte Hege mit der Büchse ist deswegen nicht wertlos geworden, doch haben sich ihre Inhalte verändert. Was wollen wir? Was können wir?

Hege und Jagd sind untrennbar miteinander verbunden. Und dies nicht erst seit die Pflicht zur Hege erstmals im Preußischen Jagdgesetz von 1934 auch rechtlich verankert wurde. So gehört seit jeher zum Beispiel eine intensive Raubwildbejagung letztlich zu jeder erfolgreichen Niederwildhege und die Wiederherstellung lebensraumverträglicher Schalenwilddichten zum Erhalt und zum Schutz der natürlichen Lebensgrundlagen und somit des Wildes selbst.

Bei den Geweihträgern allerdings beinhaltet die Hege mit der Büchse für viele Jäger noch immer ebenso untrennbar den Versuch, durch einen selektiven Abschuss die „Qualität" des Wildes, also die Wildbretgewichte und Trophäenmaße, zu steigern beziehungsweise zu verbessern. Tief verwurzelt ist dieser besondere Hegegedanke seit Generationen von Jägern auch oder speziell beim Rehwild.

Das war nicht immer so – im Gegenteil. Noch zu Anfang des zurückliegenden Jahrhunderts wurden fast ausschließlich Sechser erlegt. Weibliches Rehwild und Bockkitze waren in den meisten Revieren weitgehend vom Abschuss ausgenommen. Einerseits wollte man eine möglichst hohe Wilddichte erreichen, andererseits schonte man auch schwächere, jüngere Böcke in der Hoffnung, dass auch sie ab einem bestimmten Alter das „Sechserstadium" erreichen würden. Ob sie es denn jemals erreichten sei dahingestellt (s. S. 96).

Auch diese Vorgehensweise kann man im weiteren Sinne als „Hege mit der Büchse" umschreiben. Nur hatte sie eben andere Ziele als heute. Auch wenn das Rehwild noch heute in einigen Revieren nach dieser Maßgabe bejagt wird. Überhaupt spielt die Zielsetzung der Bejagung naturgemäß die alles überragende Rolle bei jedweder Beurteilung darüber, ob die jeweilige „Hege mit der Büchse" von Erfolg gekrönt sein kann oder nicht. Doch dazu später.

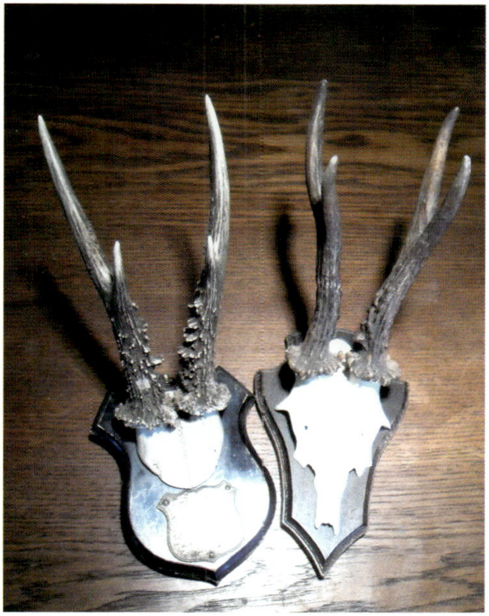

Zwei Böcke aus einem holsteiner Revier: Links ein Bock von 1896, rechts ein Bock von 1990. Dazwischen liegen fast 100 Jahre Hege mit der Büchse. Foto: Peter Burkhardt

Schon damals aber gab es jagdliche Vordenker, die gegen die seinerzeit übliche Rehwildbejagung opponierten. Dazu zählte unter anderem Altmeister Ferdinand v. Raesfeld. Dieser forderte bereits im Jahre 1906 in der ersten Auflage seiner Rehwildmonographie zum Beispiel eine Begrenzung des Wildbestandes und ein ausgeglichenes Geschlechterverhältnis im lebenden Bestand. In die gleiche Kerbe schlug bei seiner Bearbeitung von „Diezels Niederjagd" mit Gustav Freiherr von Nordenflycht schon im Jahre 1892 ein weiterer jagdlicher Könner seiner Zeit. Beide prangerten also zwei Punkte an, die erstaunlicherweise bis heute kaum an Aktualität verloren haben.

Im bereits zitierten Preußischen Jagdgesetz von 1934 wurden dann Pflichttrophäenschauen und eine Abschussplanung inklusive einer

Der Straßenverkehr nimmt weder auf Alters- noch auf Güteklassen Rücksicht. Anstatt Rehe aus dem Graben zu bergen, sollten wir sie in Straßennähe ohne Ansehen der Person erlegen. Auch das ist moderne Hege mit der Büchse.
Foto: Andreas David

selektiven Bejagung gesetzlich festgeschrieben. Was folgte, waren immer wieder überarbeitete Richtlinien zum Rehwildabschuss nach Geschlecht, Alter und Güteklassen sowie später die „roten Punkte" auf den Trophäenanhängern für aus damaliger Sicht „falsch" erlegte Rehböcke, also solche, die den Abschussrichtlinien nicht entsprachen. Aus meiner eigenen Jungjägerzeit sind mir diese Regularien bis heute in schlechter Erinnerung geblieben.

Wie bereits dargestellt, sollten Wildbretgewichte und Trophäenstärke durch einen genau definierten Wahlabschuss gesteigert werden. Im Normalfall wurden bei den Böcken – wie beim Rothirsch – drei Altersklassen unterschieden. Zusätzlich erfolgte in diesen Altersklassen eine Differenzierung in a- und b-Böcke. Letztere wurden als „Artverderber" bezeichnet und galten als abschussnotwendig. Den a-Böcken in der Jugend- und Mittelklasse hingegen wurde eine gute Zukunft im Sinne einer starken Trophäe prophezeit. Diese „Zukunftsböcke“ sollten dann vom Abschuss ausgenommen werden.

So wurden die Spießlängen von Jährlingsböcken zentimetergenau abgemessen, das Alter der erlegten Rehböcke wurde anhand der Abnutzung der Backenzähne im Unterkiefer „exakt bestimmt“ und vieles mehr. Ein oder zwei Zentimeter geschätzter Spießlänge konnten also über Leben und Tod eines Jährlingsbockes entscheiden. Dies ist offenbar auch einer der Hintergründe dafür, dass viele der Jagd an sich positiv gegenüberstehende Nichtjäger noch heute der Meinung sind, „die Jäger“ würden ausschließlich überaltertes, krankes und schwaches Wild erlegen, und so in entscheidendem Maße zu einem gesunden Wildbestand beitragen.

Es gab also, subjektiv eingeschätzt, „gute Vererber“ und „Artverderber“. Bis heute werden von zahlreichen Jägern ältere Böcke grundsätzlich als die besseren Vererber bezeichnet. Dabei wird meist aus Unkenntnis außer acht gelassen, dass sich der Genotyp auch von Rehen von der Geburt bis zum Tod nicht verändert. Zumindest die DNA selbst nicht. Forscher aus Baltimore (USA) fanden allerdings heraus, dass durch die Anlagerung von Methylgruppen an die DNA mit zunehmendem Alter bestimmte Steuerfunktionen ausgeschaltet werden können. Nach kurzer und zurückhaltender Aufklärung wird dann ins Gefecht gebracht, dass der ältere Bock ja doch über bestimmte, gute Voraussetzungen verfügen muss, da er sonst nicht so alt geworden wäre. Dabei wiederum wird vernachlässigt, dass er vielleicht einfach nur Glück hatte, nicht bereits als Kitz von Beutegreifern gefressen, beim Grasschnitt ausgemäht zu werden oder als Jährling oder später dem Straßenverkehr oder der Kugel zum Opfer gefallen zu sein.

Jahrzehntelang wurde dann nach diesen oder je nach Bundesland leicht veränderten Abschusskriterien gejagt. Der angestrebte und erhoffte Erfolg aber blieb – zumindest großflächig – aus. Was allerdings anstieg, war die absolute Zahl der Rehe. Vor diesem Hintergrund sprechen heute viele Jäger einem wie auch immer gearteten Wahlabschuss beim Rehwild jede Chance auf Erfolg ab. Zu Recht? Ich maße mir nicht an, diese Frage vor dem Hintergrund der uns heute zur Verfügung stehenden Mitteln und Zeit sowie angesichts vielerorts sehr hoher Rehwilddichten endgültig zu beantworten.

Fest steht allerdings, dass offenbar die unterschiedlichsten Faktoren zum Erscheinungsbild der Rehe auf den verschiedensten Standorten beitragen. Und an dem Versuch, sämtliche dieser Faktoren in der Summe zu kennen beziehungsweise einschätzen und bewerten zu können, sind selbst die hochkarätigsten Wissenschaftler schon gescheitert. Denn Genetik, Klima, Äsung, Wilddichte, Altersklassen- und Geschlechterverhältnis, Krankheiten, konkurrierende Wildarten, Störungsfaktoren (Stress), Raubwild etc. bilden letztlich ein kaum zu entwirrendes Gefüge von Einflussfaktoren.

So blieb es in der Vergangenheit mitunter einfach ungeklärt, warum ein noch so akribisch und gewissenhaft durchgeführter Selektionsabschuss bei vermeintlich lebensraumangepasster Wilddichte in dem einen Gebiet scheiterte, in einem anderen jedoch durchaus spürbare Erfolge brachte.

Welche Faktoren spielten dabei die entscheidende Rolle? Bewegte sich der eine Bestand vielleicht ohnehin bereits am Limit seines Potenzials? War die Wilddichte vielleicht doch deutlich höher als zuvor angenommen? War trotz der bekannten Territorialität und relativen Standorttreue der Rehe die Versuchsfläche einfach zu klein? Spielten bei den wenigen erfolgreichen Experimenten wirklich der Selektionsabschuss nach Qualität und Alter oder vielleicht ganz andere Faktoren die entscheidende Rolle? Wurden wirklich alle möglichen Parameter berücksichtigt? Wer weiß?

Aus eigener Erfahrung weiß ich aber zum Beispiel, dass in einigen Hegegemeinschaften natürliche Ereignisse, wie Eichen- oder Buchenmasten und klimatisch günstige Voraussetzungen mit allerhöchster Wahrscheinlichkeit der Hintergrund für eine plötzliche „Qualitätssteigerung" waren. Trotzdem wurde dieser vorübergehende Erfolg mit erstaunlichem Selbstverständnis regelmäßig zunächst dem Selektionsabschuss zugeschrieben.

Davon abgesehen aber gibt es aus der Vergangenheit durchaus – wenn auch wenige – wissenschaft-

Unsere eigenen Probleme beginnen bei der Wildbestandserfassung. Sie setzen sich fort über das Ansprechen und die Altersschätzung nicht zuletzt des weiblichen Rehwildes. Foto: Willi Rolfes

lich unterlegte Beispiele dafür, dass ein Wahlabschuss dazu beitragen kann, die gesteckten Ziele ganz oder teilweise zu erreichen (Stubbe 1997). Dazu aber ist die Umsetzung eines ganzen Maßnahmenbündels notwendig, die ihrerseits ein hohes jägerisches Können, Disziplin, Verzicht und vor allem unglaublich viel Zeit beansprucht. Wer von uns kann das leisten? Weiterhin darf der Abschuss nicht isoliert betrachtet werden, sondern stellt nur einen Teil möglicher Hegemaßnahmen dar.

Die Probleme beginnen bei der Wildbestandserfassung und enden letztlich beim Ansprechen beziehungsweise bei der Altersschätzung nicht zuletzt des weiblichen Rehwildes. Schon v. Nordenflycht beschrieb 1892, *„daß unter hundert Jagdpächtern nicht zehn, den Stand, den Wechsel oder die Gestaltung ihrer Ricken so genau kennen".*

Wer von uns hat heute die notwendige Zeit und die Befähigung, ein bestimmtes, angestrebtes Altersklassenverhältnis zum Beispiel im weiblichen Teilbestand wieder herzustellen? Die Erfahrung zeigt, dass selbst hocherfahrene Jäger bei der Altersansprache vor dem Schuss mitunter trefflich daneben liegen können. In den Jagdjahren 2005 und 2006 habe ich bei 20 selbst erlegten Ricken, die ich in aller Ruhe beobachten und ansprechen konnte, das Alter per Zahnschnitt bestimmt. Dabei gelangen lediglich vier Punktlandungen. In sieben Fällen wich die Schätzung um ein Jahr vom tatsächlichen Alter ab, bei sechs Geißen lag ich zwei Jahre daneben und in drei Fällen betrug die Differenz gar drei Jahre. Nur zwei Ricken hatte ich jünger eingeschätzt als sie tatsächlich waren.

Nun ist der Stichprobenumfang in diesem „Selbstversuch" sehr gering. Trotzdem lassen sich gewisse Parallelen zur Altersansprache der Rehböcke erkennen. Denn auch die Böcke werden regelmäßig älter eingeschätzt, als sie sind. Bei 36 mehrjährigen Böcken, deren Alter ich als Auftragsarbeit bestimmt habe, lagen die Erleger mit ihrer Schätzung nur in vier Fällen unter dem tatsächlichen Alter. Drei dieser Böcke waren ein Jahr älter als geschätzt, ein als dreijährig eingeschätzter und in der Blattzeit am 2. August 2002 in Südniedersachsen erlegter „schwacher Sechser" entpuppte sich als Jährling. Zehn Volltreffern standen neun Abweichungen um ein Jahr, sieben um zwei Jahre und weitere sechs um gar drei Jahre nach oben gegenüber. Der älteste der beprobten Böcke war sieben Jahre alt. Wirklich alte Rehböcke sind in Normalrevieren selten.

Darüber hinaus ist der Rehwildabschuss in vielen Waldrevieren mittlerweile so hoch, dass eine wie auch immer geartete Selektion unterbleiben muss, um den Abschussplan überhaupt erfüllen zu können. Andererseits stellt sich die Frage, wer das heute noch leisten will. Zu unterschiedlich sind die aktuellen revierspezifischen, individuellen und weit darüber hinausgehenden Ziele der Rehwildbejagung. So schilderte zum Beispiel Professor Egon Wagenknecht noch in der zweiten Auflage seines Buches „Rehwildhege mit der Büchse" (1980), dass *„für eine effektive Bewirtschaftung ein Bestand von mindestens 200 Rehen erforderlich ist"*. Bei einer angestrebten Wilddichte von zehn Rehen pro 100 Hektar Jagdfläche würde dies eine einheitlich zu bejagende Fläche von mindestens 2000 Hektar voraussetzen. Eine solche Fläche kann heute aber durchaus zehn oder gar mehr Reviere umfassen. So weit so gut. Weiterhin aber forderte Wagenknecht eine *„… möglichst rasche und vollständige Ausmerzung der schlechten Rehsippen oder -familien. Hierbei darf auf keinen Fall kleinlich verfahren werden … In dem für den Totalabschuss abgegrenzten Teil muss rücksichtslos alles abgeschossen werden …"* Weiterhin schrieb der renommierte Jagdwissenschaftler von einem *„Liquidierungs-"* und *„Durchforstungsabschuss"*.

Abgesehen davon, dass man diese Zeilen unter den damaligen jagdlichen Verhältnissen in der ehemaligen DDR bewerten muss, will ich heute den Revierinhaber sehen, der seinen Jagdbezirk vor dem Hintergrund einer vermeintlich geringeren Qualität „seiner" Rehe für einen solchen „Liquidierungsabschuss" zur Verfügung stellt.

Doch wie bereits angerissen, stellt sich aus heutiger Perspektive ebenso die Frage nach der Sinnhaftigkeit einer derartigen Vorgehensweise. Die Ziele aktueller Jagdausübung und Hege – auch jener „mit der Büchse" – sind im Bundesjagdgesetz in §1 Abs. 2 klar formuliert. In Kurzform bedeutet dies: die Erhaltung eines den landschaftlichen und landeskulturellen Verhältnissen angepassten und gesunden Wildbestandes sowie die Pflege und Sicherung seiner Lebensgrundlagen bei gleichzeitiger Vermeidung von Beeinträchtigungen einer ordnungsgemäßen land-, forst- und fischereiwirtschaftlichen Nutzung, insbesondere Wildschäden.

Von starken Trophäen oder Wildbretgewichten ist dort nicht die Rede. Abgesehen von der arteigenen relativ hohen Differenz in den Gewichten innerhalb der Altersklassen stellt sich nicht zuletzt die Frage, warum zum Beispiel eine vierjährige Ricke mit „nur" 15 Kilogramm Wildbretgewicht (aufgebrochen mit Haupt) weniger gesund sein sollte, als eine gleichaltrige Ricke, die 17 Kilogramm auf die Waage bringt. Darüber hinaus ist mir kein Jäger bekannt, der ohne direkte Vergleichsmöglichkeit in der Lage wäre, beide Exemplare voneinander zu unterscheiden. Selbst wenn die beiden Damen nebeneinander stehen, ist es kaum möglich.

Prioritäres Ziel jeder Rehwildbejagung ist die Abschussplanerfüllung vor dem Hintergrund der jagdgesetzlichen Vorgaben. Nichts ande-

res! Dabei kann man ja – wie so oft – das eine tun, ohne das andere zu lassen. Wer die Zeit und Möglichkeit hat, zum Beispiel die jeweils schwächsten Kitze eines Jahrgangs mit der Büchse „rauszuselektieren“, soll es tun. Es wird dem Rehwildbestand sicher nicht schaden. Doch warum berichten noch immer so viele Zunftgenossen stets erneut von der Erlegung eines „ganz schwachen Rickenkitzes“? Quasi als Rechtfertigung dafür, überhaupt eins erlegt zu haben?

Ich habe jetzt einige hundert Rehe selbst erlegt. Einige hatten Durchfall, andere Rachenbremsen oder Hautdasseln und einige sehr schwache Kitze, Jährlinge oder Schmalrehe beziehungsweise andere abgekommene Stücke waren naturgemäß auch darunter. Alles andere

Ihn interessiert es nicht, was er auf dem Kopf trägt. Und uns sollte es auch egal sein. Foto: Willi Rolfes

aber waren eben ganz normale Rehe! Das eine war etwas schwerer, das andere etwas leichter. Die unterschiedlichsten Spießer und ältere Böcke mit den ebenso unterschiedlichsten Geweihen waren dabei. Das eine war etwas stärker, das andere etwas schwächer … Und?

Ich gehe mit Freude zur Jagd. Ich gehe nicht raus, nur um „die Wildbahn" von krankem oder schwachem Wild zu befreien. Und Hand auf's Herz – wem von Ihnen geht es nicht genauso? Und ist das nicht auch völlig okay? Längst wird in den meisten Bundesländern deswegen nicht mehr nach Gewichts- und Güteklassen sondern beim weiblichen und männlichen Rehwild nur noch nach zwei Altersklassen gejagt. Beim männlichen Abschuss stehen Bockkitzen und Jährlingen lediglich noch ältere Böcke gegenüber, egal wie diese aussehen und wie schwer ihre Geweihe sein mögen. Auf eine Selektion wird bewusst verzichtet – mit gutem Grund.

Deshalb besteht aber kein Grund, jetzt den Kopf hängen oder den Mut sinken zu lassen. Denn was ganz sicher durch die Hege mit der Büchse auch unter heutigen Verhältnissen noch relativ einfach machbar ist, ist die Wiederherstellung eines halbwegs ausgeglichenen Geschlechterverhältnisses sowie die Reduzierung von Fallwildopfern auf Straßen und Schienen. Dazu aber zählt wohlgemerkt auch ein zahlenmäßig entsprechend hoher Abschuss weiblichen Rehwildes. Wohlgemerkt im Revier und nicht nur als Eintrag auf den Abschusslisten. Daran gilt es, abgesehen von der lebensraumspezifischen Anpassung der Wilddichte, zu arbeiten. Auch die Hege mit der Büchse ist in ihren Zielen also den aktuellen Gegebenheiten und Erfordernissen gefolgt. Auch wenn einige unserer Mitjäger damit nicht Schritt halten konnten oder wollten.

Bockterritorien und die „großen Unbekannten“

Etliche zweijährige und die Mehrzahl der älteren Rehböcke leben zu einer bestimmten Zeit eines jeden Jahres territorial. Aber eben nicht alle. Und mitunter auch schon Jährlinge! Wie groß sind die Territorien? Werden sie tatsächlich über Jahre hinweg in ihren Grenzen unverändert gehalten? Bei genauer Betrachtung der Materie zeigt sich, wie begrenzt unsere Revierbeobachtungen auch in dieser Hinsicht sind.

Bei diesbezüglichen Gesprächen oder Diskussionen fällt zunächst immer wieder auf, dass die Bedeutung des Begriffes „Territorium“ nur all zu oft mit den Funktionen von Einständen und Aktionsräumen etc. vermengt oder verwechselt wird.

Zur Sache: In der Verhaltensforschung wird ein Territorium beziehungsweise ein Revier als „selektiv verteidigtes Wohngebiet“ definiert. Die Begriffe Territorium und Revier sind an sich gleichbedeutend. Um im jagdlichen Jargon zu bleiben, soll an dieser Stelle aber weiterhin

Die Größe und Zahl der markierten und tatsächlich verteidigten Territorien ist von vielen Faktoren abhängig. Ihre Grenzen erkennen wir im Normalfall nicht. Fotos: Peter Burkhardt

der Begriff Revier verwendet werden. Dabei wird zwischen Gruppenrevieren (z. B. Wölfe), Paarrevieren (z. B. Greifvögel) und Einzelrevieren wie beim Rehbock unterschieden. Folgt man der anerkannten Definition von Immelmann (1982), ist das Revier eines Rehbockes ein Areal, in dem die Anwesenheit seines Inhabers die gleichzeitige Präsenz anderer Böcke – vielleicht mit Ausnahme von Jährlingen – so weit wie möglich ausschließt.

Der Einstand dagegen bezeichnet einen Lebensraumausschnitt, in dem sich Schalenwild allgemein vor allem tagsüber und in Deckung bevorzugt aufhält. Einstände können, zum Beispiel jahreszeitlich bedingt, beliebig wechseln (Sommereinstand/Wintereinstand) und werden nicht verteidigt. So darf der bevorzugte Einstand beispielsweise eines Feisthirsches nicht mit einem Revier oder Territorium gleichgesetzt werden. Aktionsräume (home ranges) wiederum bezeichnen den von einem Tier, einem Paar oder einer Gruppe insgesamt genutzten Lebensraum. Der Aktionsraum eines Rehbocks ist folglich immer mehr oder minder größer als sein Revier. Die Größe der Rehbockreviere wird in der Literatur sehr unterschiedlich beschrieben und schwankt etwa zwischen fünf und 500 Hektar! Doch sind diese extremen Differenzen lediglich auf eine unzureichende Unterscheidung zwischen Aktionsräumen und Territorien zurückzuführen. Wie sollte ein Rehbock ein Gebiet von 500 Hektar oder mehr markieren, kontrollieren und verteidigen können?

Die Größe der markierten und tatsächlich verteidigten Territorien ist

neben anderen Faktoren abhängig von der Lebensraumqualität – vor allem vom Äsungs- und Deckungsangebot – von weiteren strukturellen Standortgegebenheiten sowie dem Geschlechterverhältnis und der Wilddichte. Sie umfasst zumindest in Waldgebieten oder gut strukturierten Feld-Wald-Revieren selten mehr als etwa 25 Hektar. Oft sind sie im Kern noch deutlich kleiner. Doch dazu später.

Reviere allgemein dienen der Ressourcensicherung und tragen ferner zur Herabsetzung der innerartlichen Aggression bei – auch bei Rehböcken. Sie müssen hauptsächlich bei ihrer „Gründung" verteidigt werden. In der Folgezeit bis zur Brunft aber werden sie, zumindest zwischen etablierten Nachbarn, weitgehend kampflos respektiert. Zur Abfolge: Mit der im Frühjahr erfolgenden Auflösung der Sprünge, die im Wald nicht oder nur in begrenztem Umfang beobachtet werden, besetzen und markieren die Rehböcke ihre Reviere. Die Folgezeit ist gekennzeichnet von Revierkämpfen und der intensiven Markierung der Territorien.

Ab etwa Mitte Juni beruhigt sich die „Szene" und Kämpfe zwischen benachbarten Böcken sind selten und kaum noch zu beobachten. In dieser Zeit kommt es dann zum vermehrten Markieren, Plätzen und Schlagen der revierlosen Böcke, ohne dabei die übergeordnete Stellung der Revierinhaber ernsthaft in Frage zu stellen. Der Kreis dieser Underdogs rekrutiert sich unter anderen aus geduldeten Jährlingen. Alljährlich sind diese „Heranwachsenden" beim Plätzen und Fegen im Revier eines älteren Bockes zu beobachten, um bei der nächsten Begegnung mit dem Platzbock klein beizugeben.

Ob diese Jährlinge stets Abkömmlinge der eigenen Sippe sind, sei dahingestellt (Osgyan 1989, 2001). Angesichts der regelmäßig hohen Zahl an Jährlingen in deutschen Normalrevieren wäre es ein außerordentlich kraftraubendes Unterfangen des Revierinhabers, auch sie komplett und dauerhaft zu vertreiben.

Neuhaus (1985) unterscheidet den diesbezüglichen Jahreslauf der Rehböcke in drei Phasen:

1. Eine indifferente vom Ende der Blattzeit bis zur Auflösung der Äsungsgemeinschaften.
2. Eine hierarchische vom Auflö-

sungszeitpunkt bis etwa zum Ende der Setzzeit.
3. Eine territoriale von der Setzzeit bis zur Brunft.

Von der dritten Phase wird immer wieder behauptet, dass sich die Reviere der Platzböcke in dieser Zeit nicht überschneiden und strikt eingehalten werden. Die Platzböcke sollen weiterhin über Jahre oder gar lebenslang an ihrem einmal abgesteckten Revier exakt festhalten. Darüber hinaus wird publiziert, dass sich die Territorien auch nach dem Tod ihrer Inhaber nicht verschieben, sondern lediglich von den nachrückenden Böcken neu markiert werden. Darauf basiert die weit verbreitete Meinung, dass es zwangsläufig notwendig sei, nach der Erlegung eines älteren Platzbockes einige Jahre verstreichen lassen zu müssen, um in seinem Revier erneut einen alten oder älteren Bock zu erlegen. Doch sind diese drei Sachverhalte aus Sicht der Rehböcke offenbar nicht „in Stein gemeißelt". Dagegen sprechen viele Beobachtungen aus der Jagdpraxis und Wissenschaft.

Ein Beispiel aus meinem Pachtrevier im Norden der Lüneburger Heide: Am 20. Juni 2008 erlegte ein Jagdfreund im Revierteil „Im Sand" einen mir bekannten und etwa sechs- bis siebenjährigen ungeraden Sechser (Nomogramm). Am 24. Juli desselben Jahres, die Blattzeit nahm langsam Fahrt auf, schoss ich etwa 20 Meter vom Erlegungsort entfernt einen bis dato nicht beobachteten und fünfjährigen Sechser (Zahnschnitt). Am 5. Juni 2009 dann erlegte ich ebendort einen für die hiesigen Heidereviere starken, aber gleichfalls unbekannten und wiederum fünfjährigen Sechser (Zahnschnitt). Die Erlegungsorte bilden nach langjähriger Beobachtung keine Schnittstelle zweier oder mehrerer Territorien.

Ein weiteres Protokoll: Anfang August 1988 erlegte ich im Revier eines Freundes einen fünf- bis sechsjährigen abnormen und relativ starken Bock von 21 Kilogramm. Diesen hatte ich damals Mitte Juni des besagten Jahres gemeinsam mit einem Schmalreh nur ein einziges Mal auf etwa 200 Meter Entfernung beobachtet. Fortan blieb er auch für den passionierten Jagdfreund in seinem Revier verschwunden. Erst am Morgen des 2. August sah ich den abnormen Bock völlig unverhofft beim Treiben einer Ricke wieder und erlegte ihn auf kurze Distanz.

Etwa 30 Meter von der Stelle entfernt, an dem ich ihn im Juni das bis dato erste und einzige Mal beobachtet hatte. Zwei Tage zuvor allerdings hatte ich fast exakt dort einen etwa vier- bis fünfjährigen Sechser (Nomogramm) geschossen, der den als „Altes Moor" bezeichneten Revierteil unzweifelhaft sein eigen nannte und beherrschte. Gut befreundete Jäger und Wildbiologen berichteten mir mehrfach von ähnlichen Abläufen. Wie kann das sein? Wie passt das in unser schematisches Grenzdenken?

Zunächst einmal sind die Kernreviere der Platzböcke im Durchschnitt offenbar wesentlich kleiner als gemeinhin angenommen. Schon Hennig (1962) gab für das Altmoränengebiet in Schleswig-Holstein die durchschnittliche Reviergröße mit nur zehn Hektar an, Bramley (1970) für sein nordenglisches Untersuchungsgebiet lediglich 7,4 Hektar. Kurt (1974) gibt für das schweizerische Oberengadin gar nur fünf Hektar als Mittelwert an, was bedeutet, dass einige Territorien noch kleiner waren. Nun sind diese Zahlen selbstverständlich nicht beliebig übertragbar, weil allein die jeweiligen Lebensräume und Wilddichten sehr unterschiedlich sein können. Trotzdem zeigen sie, dass die tatsächlichen Kernreviere im Regelfall keine wirklich großen Lebensraumausschnitte von 40, 50 oder gar mehr Hektar umfassen.

Strandgaard (1972) schildert in diesem Kontext zwei interessante Fälle: In einen Fall kam der Platzbock durch einen Verkehrsunfall ums Leben. Sein Revier wurde im Jahr darauf teilweise von einem bereits vorher territorialen Nachbarn quasi „eingemeindet" und nur der verbliebene Rest von einem nachrückenden zweijährigen Bock besetzt. Ein anderer Territoriumsinhaber verendete im März. Sein Revier teilten zwei zweijährige Brüder untereinander auf.

Obwohl mitunter auch Waldränder, Forststraßen etc. als Territoriumsgrenzen dienen, dürfen die Grenzverläufe vor allem im Wald nicht metergenau als lineare Demarkationslinien im menschlichen Sinne betrachtet werden. Aus Sicht der Rehböcke dienen die Markierungen im Grenzbereich offenbar eher als grobe Orientierungspunkte rund um den eigentlichen Kern der Reviere. Und obwohl es bei intensiver Beobachtung in halbwegs übersichtlichen Jagdbezirken gelingt, die

Reviere der Platzböcke subjektiv in etwa zu umreißen, bleiben selbst sehr grobe Abgrenzungen zum Beispiel in unterwuchsreichen Wäldern ebenso wie viele dort lebende Rehe für uns unsichtbar. Wären wir wie das Rehwild mit einer vergleichbar guten Riechleistung gesegnet, wären wir auch hier in unseren Erkenntnissen sicher weiter. So aber tappen wir nur allzu oft im Dunkeln. Selbst die sonst so hilfreiche Telemetrie bringt uns hier nur unwesentlich voran.

Andererseits sind unsere Jagdbezirke selbst bei hohen Wilddichten nicht komplett und rasterartig in aneinandergrenzende Bockterritorien aufgeteilt. Beobachtungen aus der Praxis und im Rahmen wildbiologischer Projekte zeigen unzweifelhaft, dass bestimmte Ausschnitte quasi als Niemandsland von keinem Bock beansprucht werden. Diese Lebensraumausschnitte sind strukturell einfach nicht als Revier geeignet, dienen hier und dort aber als so genannte Jährlingsecken. Im Regelfall ist mangelnde Deckung der ausschlaggebende Faktor. Doch auch diesbezüglich stoße ich im Rahmen von Vortragsveranstaltungen speziell bei älteren Jägern immer wieder auf hartnäckigen Widerstand: „Niemandsland? Das gab es an der Zonengrenze, aber nicht bei Rehböcken …"

Weiterhin scheinen doch häufiger als gemeinhin angenommen – unter anderem abhängig von der Wilddichte und der Zahl der zur Verfügung stehenden Territorien – gänzlich nicht oder vorübergehend nicht territoriale aber ältere Rehböcke vorzukommen. Ellenberg (1974) beschreibt solche Böcke aus dem Versuchsgatter Stammham in Bayern als „Pazifisten", die unauffällig leben, Auseinandersetzungen aus dem Weg gehen und keine territorialen Handlungsweisen (Markieren, Plätzen etc.) zeigen.

Kurt (1991) beschreibt darüber hinaus so genannte Anpasser. Im Unterschied zu einigen starken Jährlingen, die ob ihres Aggressionspotenzials abwandern oder abwandern müssen und abseits ihres heimatlichen Einstandsgebietes versuchen, ein Revier zu etablieren, setzen diese Anpasser auf den Faktor Zeit. Sie bleiben beharrlich in ihren Setzgebieten, arrangieren sich dort unterwürfig und unaggressiv mit den (eventuell verwandten) Revierinhabern und warten, bis sich durch den Tod eines Platzbockes ihre

Der Bock im Hintergrund wird vielleicht ein Territorium besetzen. Doch wo bleiben die Jährlinge? Foto: Willi Rolfes

Die Einhaltung der Bock-Territorien scheint offenbar doch nicht immer in Stein gemeißelt zu sein. Auch leben, je nach Wilddichte, mehr Böcke nicht territorial als oft geglaubt. Diese Böcke zum Beispiel wurden am 20. Juni und 24. Juli 2008 sowie am 5. Juni 2009 kaum 20 Meter voneinander entfernt im selben Territorium erlegt. Ihr Alter lag zwischen fünf und sieben Jahren. Foto: Andreas David

Chance bietet. Überdies ziehen sich alte Böcke irgendwann aus dem Territorial-Geschehen zurück, markieren kaum noch und leben unauffällig und nicht oder kaum mehr aggressiv anderen Böcken gegenüber. Sie bleiben aber in ihren angestammten Aktionsräumen und nehmen auch weiterhin an der Brunft teil. Und dadurch, dass sich die Rehböcke eines Gebietes offenbar sehr gut kennen, wagt kaum ein anderer Bock, diese „Altmeister" zu attackieren.

In Lebensräumen mit sehr geringer Wilddichte oder einem kurzfristig wechselnden Angebot an Ressourcen (Äsung, Deckung, weibliches Wild etc.) leben Rehböcke nicht oder nur ansatzweise territorial. Revierverhalten kostet Kraft und muss sich lohnen! In großen und ausgedehnten Getreideanbaugebieten zum Beispiel, die nur von wenigen Hecken oder kleinen Feldgehölzen durchsetzt sind, tut es das nicht oder kaum. Sommer- wie Wintergetreide werden bereits ab Juli, teilweise bereits im Juni, also noch vor der Brunft, geerntet – übrig bleiben weitestgehend kahle, steppenartige Landschaften … Beim Ökotyp der Feldrehe, die dauerhaft im Offenland leben, beobachten wir deshalb eine teilweise oder gänzliche Aufgabe des Territorialverhaltens.

Dort aber, wo Äsung und Deckung ständig in einem sehr guten bis ausreichenden Maße vorhanden sind, haben territoriale Rehböcke durch die weitgehend exklusive Nutzung eines Überschaubaren Areals sicher Vorteile. Genau dort aber finden wir regelmäßig hohe bis sehr hohe Rehwilddichten! Da selbst in solchen Lebensräumen die Zahl der geeigneten Reviere aber durchaus limitiert ist, wächst trotz intensiver Bejagung zwangsläufig der Anteil nicht territorialer zweijähriger oder älterer Böcke. Ich bin deshalb fest davon überzeugt, dass ihre Zahl mehr oder minder deutlich höher ist als vermutet. Wir müssen und können nicht jeden Rehbock in unseren Jagdbezirken kennen, auch wenn gar nicht wenige Grünröcke dies immer wieder im Brustton der Überzeugung vorgeben. Der Reiz der Jagd liegt letztlich auch in Überraschungen – oder?

Wundern Sie sich deshalb nicht über plötzlich auftauchende unbekannte Böcke in offenbar besetzten Revieren. Ob es sich dabei dann um Pazifisten, Anpasser oder nicht mehr ter-

ritoriale Altmeister handelt, sei dahingestellt. Dies gilt auch für die Brunft, in deren zweiter Hälfte die Rehböcke auf der Suche nach brunftigen Schmalrehen und Ricken jenseits ihrer Reviere weit umherstreifen sollen. Doch dazu mehr im nächsten Kapitel. Unter dem Strich erinnern mich die Diskussionen um die großen Unbekannten immer wieder an den oft geäußerten Sinnspruch eines gut befreundeten Kollegen: *„Man weiß ja so wenig …"*

Ein zufälliger Todfund. Lebte dieser 4-jährige Bock territorial? Wenn ja – wo? Niemand wird sein Fehlen bemerken. Foto: Andreas David

Fremde Böcke zur Blattzeit

Suchen territoriale Böcke zum Ende der Blattzeit tatsächlich und regelmäßig in weiten Bögen und in fremden Revieren nach brunftigen Ricken und Schmalrehen? Sie tun es wohl manchmal, offenbar aber seltener als gedacht.

„Wenn die weiblichen Stücke in seinem eigenen Territorium beschlagen sind, sucht der Rehbock auch außerhalb seines Revieres nach weiteren brunftigen Ricken und Schmalrehen. In dieser Zeit sind die Chancen, bei der Blattjagd zum Erfolg zu kommen, am größten." Diese oder eine sinngemäß vergleichbare Antwort gaben sicher schon einige zehntausend Anwärter im Rahmen der alljährlichen Jägerprüfungen zwischen Rügen und Berchtesgaden. Und sie stimmt – im Kern zumindest.

Mit einer einigermaßen guten Beobachtungsgabe und vor allem viel Zeit gelingt es uns, zumindest die Kernbereiche der Bockterritorien und ihre ungefähren Grenzverläufe in etwa umreißen zu können. Die häufige Präsenz der Platzböcke (zumindest im Frühjahr), ihr Verhalten, Grenzstreitigkeiten und ein offensichtliches Aggressionspotenzial der Territoriumsinhaber, auch etlichen Jährlingen gegenüber, bedeuten uns weiterhin, wer in welchem Revierteil der „Chef im Ring" ist. Und wieder naht unaufhaltsam die Brunft der Rehe und wieder bereiten sich tausende deutsche Jäger mit Vorfreude und den unterschiedlichsten Strategien auf die jagdlichen Herausforderungen vor. Hier wird noch rasch eine Leiter platziert, dort noch ein Schirm und dergleichen mehr.

Für die Rehböcke aber beginnen die diesbezüglichen „Vorbereitungen" wesentlich früher im Jahr. In einer Zeit, in der wohl kaum ein Jäger einen Gedanken an die Blattzeit verschwendet – außer an die eigene vielleicht ...

Viele Rehböcke, zumindest die älteren oder in unseren jagdbedingt stark verjüngten Populationen regelmäßig schon jene ab zwei Jahren, leben grob gefasst, in der Zeit von etwa Anfang/Mitte Juni bis kurze Zeit nach der Brunft territorial. Die Zeit davor ist von der Einnahme und Markierung der Territorien, Einstandskämpfen und relativ häufigen Begegnungen der Böcke gekennzeichnet und wird als hierarchische Phase bezeichnet. Die folgende, eigentliche territoriale Phase wird unter anderen durch das weitgehend feste Einhalten der Reviere geprägt. Jetzt lebt also ein jeder in seinem Revier, das er außer vielleicht Jährlingen gegenüber, gegen jeden anderen Bock unerbittlich versucht, zu verteidigen. So wird es gelehrt. Doch zeigte bereits das vorherige Kapitel exemplarisch, dass diese Aussage so nicht stimmt – zumindest nicht immer und überall.

Ein weiteres Beispiel: Nach einem langen und arbeitsreichen Tag entschloss ich mich am 9. Juni 2004 erst gegen 19.30 Uhr doch noch rauszugehen. Ich rief kurzerhand Freund Christian an und fragte ihn, ob er nicht mit ansitzen wolle. Er sagte spontan zu. Vor den alten Eichen wurde wie immer nochmal der Wind geprüft und nach der Beschreibung zwei mir bekannter Jährlingsböcke, die damals auf „Meyers Berg“ unterwegs waren, machte sich der Freund auf den bekannten Weg.

Es war einer der ersten wirklich warmen Abende dieses Frühsommers. Der Mai war kalt und windig wie lange nicht mehr. Ich bezog ob des seltenen Nordwestwindes einen kleinen Ansitzbock unter den Fichten „Im Sand“.

Schon beim Angehen beobachtete ich ein Schmalreh in den östlich gelegenen Erlen, doch gelang es mir trotz des wieder einmal ungepflegten Pirschweges, den Sitz unbemerkt zu erreichen. Mir war in besagtem Revierteil ein laufkranker Jährlingsspießer, ein Jährlingsgabler und ein ebenso starker wie alter Spießer als dortiger Platzbock bekannt. Letzteren aber hatte ich für meinen noch viel älteren Freund Hennig aus der Braunschweiger Heimat reserviert und so sollte es zunächst auf den laufkranken Jährling gehen. Doch wie so oft auf der Jagd, und bei jener auf Rehwild sowieso, kam alles ganz anders.

Das Schmalreh zog von mir in fast gerader Linie weg und tat sich gegen 21.00 Uhr nieder. Kurz nach

Neun trollte in den vor mir liegenden und ob der bisherigen Trockenheit und des Windes nur sehr spärlich bewachsenen Wildackers ein Knopfbock. Zu weit ...!

Dann herrschte Stille. Bis auf den wiederum sehr schönen Schnepfenstrich und zwei Hasen, die direkt vor mir auf dem schmalen und sandigen Waldweg ihrer artspezifischen Form der Fortpflanzung nachgingen. Etwa eine Viertelstunde verging, bis das Schmalreh wieder hoch wurde, den mittlerweile äsenden Knopfbock unter Wind hatte, beäugte und in weiten Sätzen auf ihn zusprang. Vielleicht Geschwister, dachte ich. Vielleicht aber auch nicht. Wer weiß?

Wie weit reichen die Ausflüge der Böcke zur Blattzeit? Offenbar werden sie auch viel häufiger von den Ricken gesucht, als zuvor angenommen. Foto: Willi Rolfes

Die beiden ästen zunächst einige Minuten einträchtig nebeneinander. Völlig unverhofft äugten sie plötzlich in Richtung der westlichen Waldkante zur Linken und begannen zu schrecken. Ich nahm das Glas hoch und leuchtete den Traufbereich der etwa 30jährigen Fichten ab. Vergeblich, nichts war zu sehen. Ruhe kehrte jedoch nicht ein. Vor allem der Knopfbock äugte unbeirrt in Richtung des Waldrandes und schreckte. Ich rechnete entweder mit rege gewordenen Sauen, was mir ob der „frühen" Tageszeit aber wenig wahrscheinlich erschien oder mit dem alten Spießer. Denn speziell Jährlinge reagieren auf den Platzbock häufig zunächst mit Verunsicherung. Bereits Anfang Mai wurde ich Zeuge, wie eben jener alte Spießer den oben erwähnten, laufkranken Jährling auf den Schwung brachte und dieser sich durch sein Handicap den Attacken nur in höchster Not entziehen konnte.

Erneut konzentrierte ich mich auf den Waldrand. Punkt halb Zehn erschien ebendort Träger und Haupt eines Rehbockes. Ein starker Träger und ein offensichtlich altes Gesicht. Der Knopfbock packte augenblicklich ein und verschwand, wo er hergekommen war. Mit einigen letzten Schrecklauten im Verborgenen quittierte er die hinter ihm liegende Szenerie.

Der vermeintlich „Alte" verharrte einige Minuten fast bewegungslos an der Waldkante. Auf etwa 150 Meter leistete das Spektiv erneut gute Dienste und ich erkannte links eine Gabel und rechts eine durchschnittlich starke Sechserstange. Aufgrund seines Verhaltens, des Trägers und vor allem des Gesichtes war ich mir sicher, dass der Bock nicht jung war.

Und obwohl auch ich mir nach wie vor und fälschlicherweise einbilde, zumindest die älteren Rehböcke im Revier einigermaßen zu kennen, hatte ich den Bock trotz etlicher Beobachtungsgänge und Ansitze weder „im Sand" noch in einem anderen Revierteil jemals zuvor gesehen.

Im zurückliegenden Jahr hatte ich dort einen fünfjährigen Sechser (Zahnschnitt) erlegt, der zur Blattzeit und zuvor in diesem Revierteil ganz offensichtlich das Sagen hatte und in dem alten, starken Spießer seinen Nachfolger fand. Wie Letzterer im Jahr zuvor aussah und ob es einer der mir bekannten Platzböcke war? Keine Ahnung! Hinzu kamen zwei Jährlingsspießer mit elf beziehungsweise zwölf Kilogramm Wildbretgewicht.

Der „Alte" zog langsam in die Äsungsfläche hinein. Längst hatte ich mich zum Schuss entschlossen, doch war er zunächst noch zu weit entfernt und zeigte mir im dort relativ hohen Bewuchs stets nur die Rückenlinie sowie den Träger und das Haupt. Dann tauchte er völlig unter. Mit dem Glas verfolgte ich die sich bewegenden Pflanzenspitzen, als das Schmalreh in kurzen Sätzen in Richtung des Bockes sprang. Dieser wiederum warf auf, so dass ich zumindest wieder das Haupt sehen konnte. Dann waren beide im Bewuchs verschwunden. Ich richtete das Augenmerk auf eine Fläche von etwa 200 Quadratmetern rechts dieser Stelle, auf der der Bewuchs deutlich niedriger und spärlicher war und ganz überwiegend von Greiskraut und Hirtentäschel dominiert wurde.

Im Voranschlag wartete ich auf den erhofften Moment, in dem beide auf eben diese Schluppe aus der hohen Vegetation hinausziehen würden. An deren Rand erschienen zunächst Haupt und Träger des Schmalrehs, dann sein kompletter Wildkörper und Sekunden später das Haupt des Rehbocks. Ich zog die Büchse fest in die Schulter und versuchte Ziel zu fassen – Fehlanzeige. Das Haupt verschwand und man widmete sich offenbar der Äsungsaufnahme. Haupt da, Haupt weg, Haupt da, Haupt weg …

Ich setzte kurz ab, um dann erneut durch das Absehen zu beobachten. Dann passierte es. Der Bock zog etwa zwei Meter weiter auf die Schluppe und lag um 21.30 Uhr im Feuer. Das Schmalreh stand inzwischen etwa drei Meter entfernt, warf kurz auf und äste dann in aller Ruhe weiter. Kurz darauf äugte es zum (für mich nun unsichtbaren) toten Bock und zog mit langgestrecktem Träger in seine Richtung.

Ein von offensichtlicher Verunsicherung gekennzeichnetes Verhoffen folgte und fortan umkreiste das Schmalreh im Stechschritt und immer wieder in Richtung des Bockes äugend den leblosen Wildkörper. Zwei, drei Fluchten folgten, um dann erneut an den Bock heranzuziehen.

Das Licht schwand aber allmählich und ich beschloss, nunmehr den Bock zu bergen.

Das Schmalreh reagierte auf mein bewusst lautes Pfeifen zunächst nicht, und sprang erst ab, als ich mich direkt dem erlegten Bock näherte. Vor mir lag, wie sich später zeigte, ein etwa siebenjähriger (Nomogramm) ungerader und etwas über lauscherhoher Sechser. Ich zog den Bock aus der Wiese und das Aufbrechen erfolgte – wie immer „im Sand" – von zahllosen Mückenstichen begleitet.

Bevor ich mich auf den Weg machte, um das Auto zu holen, leuchtete ich das Gelände ein letztes Mal mit dem Glas ab. Hinten links, etwa 200 Meter entfernt zog der eigentlich avisierte laufkranke Jährling in die Wiese. Der Kreis war geschlossen.

Doch mitten in diesem Kreis lag der kurz zuvor erlegte Rehbock. Woher kam dieser vergleichsweise „sehr" alte Bock? Und woher der alte Spießer, der sich nach seiner Erlegung ebenfalls als etwa siebenjährig (Zahnschnitt) entpuppte? Waren beide Böcke territoriale Nachbarn des schon im Jahr zuvor erlegten fünfjährigen Sechsers? Bei dem Spießer weiß ich es nicht. Bei dem soeben erlegten Bock schließe ich es aus. Denn den östlich gelegenen und benachbarten „Hehmk" nannte im Vorjahr ein offensichtlich jugendlicher, vermutlich zweijähriger Bock sein eigen. Oder doch nicht?

Was bleibt? Einerseits können sich die Territoriumsgrenzen unter bestimmten Umständen eben doch deutlich verschieben. Andererseits sind unsere Jagdbezirke nicht komplett und rasterartig in aneinandergrenzende Bockterritorien aufgeteilt. Darüber unter- oder überschätzen wir in der Jagdpraxis die tatsächliche Größe der Territorien. Ihre tatsächlichen Kernbereiche sowie die äußeren Grenzen können wir zumindest im Wald allenfalls erahnen.

Doch zurück zur Blattzeit. Die oben und im zurückliegenden Kapitel geschilderten Sachverhalte zeigen, dass durchaus nicht allein Jährlinge oder zweijährige Böcke ohne eigenes Revier bleiben. Stellt sich die Frage, ob die unbekannten Böcke, die zum Ende oder während der zweiten Hälfte der Brunft plötzlich in fremden Territorien auftauchen, tatsächlich immer benachbarte oder gar von noch weiter entfernten Revieren heranziehende und suchende territoriale Böcke sind. Ich glaube nicht. Es kann durchaus zutreffen, doch scheinen sich hier

Ausnahme und Regel zumindest (!) die Waage zu halten.

Wildbiologische Großversuche zeigen, dass die so oft zitierten weiten Suchen offenbar nicht die Regel sind. Relativiert wird diese Annahme darüber hinaus auch dadurch, dass entgegen eines noch immer weit verbreiteten Irrglaubens auch die brunftigen Schmalrehe und Geißen ihrerseits zur Brunft die Böcke auf- und vielleicht aussuchen. Kurzum Damenwahl! Ältere und unbekannte Böcke, die zur Blattzeit erlegt werden, müssen also nicht zwangsläufig immer zugewanderte, direkte oder entferntere Territoriumsnachbarn auf der Suche nach brunftigen Stücken im „Feindesland" sein.

Ein Zitat sowie zwei von befreundeten Kollegen angeforderte Ergebnisse wildbiologischer Forschung mögen dies verdeutlichen:

Auch ausgedehnte Getreidefelder gelten für die Böcke häufig als Niemandsland. Foto: Willi Rolfes

Ausnahmslos bodenständig

Im österreichischen Hahnebaum haben wir zehn Jahre lang eine alpine Rehpopulation bei einer Dichte zwischen 12 und 45 Stück pro 100 Hektar untersucht. Die markierten und teilweise zusätzlich telemetrierten Böcke haben ihr Territorium während der Brunft in keinem einzigen Fall verlassen – soweit wir das aus unseren Beobachtungen schließen können.

Nur von einer Gais weiß ich, dass sie mit einem Bock kurzzeitig etwa 1000 Meter außerhalb ihres Streifgebietes war. Die Böcke blieben auch nach einer Reduktion des Bestandes auf etwa ein Drittel ihren Revieren treu. Keiner hat die neu gewonnene Ellbogenfreiheit dazu genutzt, sein ursprüngliches Revier zu vergrößern oder ein anderes Revier aufzusuchen.

Ulrich Wotschikowsky

Fast ausnahmslos bodenständig

In einigen früheren Studien wurde vermutet, dass sich das Territorialverhalten der Rehböcke zur Brunft entweder abschwächt (Strandgaard 1972; Ellenberg 1978) oder erlischt, bevor die Brunft beginnt (Kurt 1968). Eine Abwandlung davon war Hennigs (1962) Hinweis, dass territoriale Böcke in der Spätphase der Brunft, wenn die Zahl der brunftigen weiblichen Rehe sinkt, weite Ausflüge außerhalb ihrer Reviere antreten.

Doch konnte mit einer Ausnahme (Danilkin & Hewison 1996) keine der späteren, telemetrisch gestützten Untersuchungen diese Beobachtungen bestätigen. In Ekenäs (Schweden) wurde die These dieser Bockwanderungen per Telemetrie gezielt überprüft. Es zeigte sich, dass die territorialen Böcke in der Spätphase der Brunft weder mobiler waren, noch sich weiter von ihren Kernrevieren als zuvor entfernten (Liberg et al. 1996).

Übersetzt aus: The European Roe Deer: The Biology of Success. Andersen et al. (1998).

Nächtliche Exkursionen

In einem meiner Untersuchungsgebiete – einem Mix aus Feld und Wald – unternahmen die Rehböcke während der Blattzeit bevorzugt nächtliche Ausflüge aus ihren Ter-

ritorien hinaus in die Getreidefelder. Dabei verließen sie ihre telemetrisch bestätigten Sommerstreifgebiete, die sich in einem Waldstück inmitten der Feldflur befanden und in dessen Kernzonen ihre Territorien lagen. Auf diesen Ausflügen entfernten sie sich zwischen 500 Meter und knapp über drei Kilometer von ihren Territorien.

Die Nachweise gelangen im Rahmen von 24-Stunden-Ortungen, bei denen jedes Senderreh alle zwei Stunden gepeilt wurde. Da es sich um kurzzeitige punktuelle Ausnahmestandorte handelte, wurden sie als „Exkursionen" gewertet.

Gundula Thor

Der Abend des 9. Juni 2004 wurde neben einigen Gläsern Bier übrigens dadurch abgerundet, dass Freund Christian die von mir angesagten zwei Rehböcke auf „Meyers Berg" tatsächlich auch in Anblick bekam. Schade nur, dass er durch verschiedene Faktoren bedingt, keinen der beiden erlegen konnte.

Doch ist es trotzdem beruhigend, wenn derartige Ansagen auch mal zutreffen. Denn mehr als einmal hatte ich bei gegenteiligen Fehlschlägen das Gefühl, dass diverse Jagdgäste mit der zwar höflicherweise nicht geäußerten, aber dennoch deutlich spürbaren Meinung: *„Naja, was der da wohl wieder gesehen hat ..."* ihre Heimreise antraten.

Diese Chance gilt es zu nutzen. Die erste Begegnung mit diesem Bock könnte zugleich die letzte sein. Foto: Willi Rolfes

Was sagen uns Plätz- und Fegestellen?

Noch immer werden Plätz- und Fegestellen von vielen Jägern dazu genutzt, die Urheber hinsichtlich ihres Alters und ihrer Stärke einzuordnen. Doch auch hier ist – wie so oft – der Wunsch der Vater des Gedankens. Lassen Sie sich also nicht blenden, denn der jagdpraktische Nutzen dieser Hinterlassenschaften tendiert gen Null.

„The same procedure as every year ..." Ähnlich wie beim seit 1963 im deutschen Fernsehen bekannten Silvester-Klassiker „Dinner for one" wiederholen sich in unseren Revieren alljährlich bestimmte Abläufe. Zwar ohne Tigerfell und Mr. Winterbottom, dafür aber schon einige Jahre länger. Denn neben zahllosen anderen jahreszeitlich bedingten Lebensäußerungen unserer Wildtiere plätzen und fegen die Rehböcke seit Jahrtausenden im zeitigen Frühjahr und darüber hinaus.

Die Rehböcke folgen dabei genetisch fixierten Verhaltensmustern. Das Fegen und Plätzen ist ihnen „angewölft". Mit der im Frühjahr erfolgenden Auflösung der Sprünge, die im Wald nicht oder nur in arg begrenztem Umfang beobachtet werden, besetzen die Rehböcke ihre Territorien (s. S. 28). In der Folgezeit bis etwa Anfang/Mitte Juni werden die endgültigen Grenzen festgelegt und mehr oder weniger vehement verteidigt.

Die erste geruchliche Markierung erfolgt dabei über das so genannte „Stirnlockereiben" schon vor dem Verfegen der Geweihe. Zwischen und vor den Rosenstöcken der Böcke befindet sich ein Drüsenfeld über dessen Sekrete die geruchliche Territorialmarkierung erfolgt. Jeder Jäger kennt dieses Feld mit den talgigen, verlängerten Haaren der Stirnlocken durch das Abschärfen

Rehböcke hinterlassen beim Fegen individuelle Duftmarken, die keinerlei Auskunft über Geweih- oder Körperstärke geben. Foto: Willi Rolfes

der Decke vom Haupt erlegter Rehböcke. Im Winter zeigen die Drüsen des Stirnorgans keine Aktivität. Ein erster Höhepunkt wird etwa ab März, ein weiterer in der Blattzeit erreicht. Ebenfalls der Markierung dienen Drüsenfelder an den Wangen und Augenrändern. Das Reiben der Stirnlocken ebenso wie das Schlagen erfolgt nicht nur an stehenden meist wenig beasteten und dünnen Pflanzenstämmen die einen ausreichend hohen Widerstand bieten, sondern auch mit gestrecktem Träger an überhängenden stärkeren Ästen.

Ab etwa Mitte Juni geht die Fege- und Markierungsaktivität der territorialen Böcke zunächst zurück, um in der Blattzeit erneut zuzunehmen. In dieser Zeit kommt es dann zum vermehrten Markieren, Plätzen und Schlagen der revierlosen Böcke, die sich durchaus nicht allein auf die vom Platzbock geduldeten Jährlinge beschränken müssen. Es sind eben nicht nur die Revierinhaber sondern auch die so genannten Underdogs, die sich diesbezüglich bemerkbar machen, ohne dabei die übergeordnete Stellung der Platzböcke ernsthaft in Frage zu stellen. Wer von uns hat nicht selbst schon zum Beispiel einen Jährlingsspießer im Territorium eines älteren Bockes plätzen und auf Teufel komm raus fegen sehen? Nicht selten gewinnt man dabei vorschnell den Eindruck, als ob diese Besitzlosen dann den Hausherren geben, um bei der nächsten Begegnung mit dem „Chef" in hoher Flucht das Feld zu räumen.

Dabei steht das Fegen bekanntlich nicht allein für das Befreien des fertig ausgebildeten Gehörns vom Bast im Sinne des „Verfegens", sondern ist in erster Linie ein Synonym für das Geweih- beziehungsweise Gehörnschlagen im Kontext der Markierung über die Stirn- und anderer Drüsen am Haupt des Rehbockes. Hinzu kommt durch das oft großflächige Entfernen der Rinde in vielen Fällen eine deutlich sichtbare Form der optischen Markierung. Es ist der in dieser Zeit steigende Testosteronspiegel der einerseits das Geweihwachstum stoppt und andererseits das Fegen und/oder Schlagen auslöst. Kurth (1991) bezweifelt generell, dass das Fegen mit der Bastentfernung direkt verknüpft ist: „Wenn ein Bock … schlägt, wird dabei möglicherweise auch der Bast vom Geweih entfernt, das Verhalten ist aber ein Teil des Kampfrituals und dient der Markierung seines

Standortes im Lebensraum. In der Regel wird der Bast mit den Schalen der Hinterläufe vom Geweih gekratzt und dann aufgenommen. Sonst trocknet er rasch aus und fällt ab. Jedenfalls ist das Geweihschlagen kein Verhalten, das im Dienste der Bastentfernung steht!"

Okay – ob nun der Bast lediglich mit den Schalen der Hinterläufe entfernt wird (was ich angesichts großer Bastreste an den frühen Fegestellen stark bezweifle), eintrocknet und abfällt oder im trockenen Zustand beim Markieren, Fegen oder Schlagen quasi als Nebeneffekt abgefegt wird, sei dahingestellt. Für Kurth's Annahme spricht in jedem Fall, dass auch Böcke ohne Gehörn zu dieser Zeit „fegen" und damit markieren. Es wird sich in letzter Konsequenz nicht klären lassen, ob nun die Rehböcke am Anfang fegen, um das Gehörn vom Bast zu befreien oder eben nur normal schlagen und markieren – eine Glaubensfrage. Sollte der erste Fall zutreffen, wird das Gehörn mehrheitlich innerhalb weniger Stunden, mitunter in Minuten gänzlich „verfegt". Dafür wiederum sprechen Beobachtungen, nach denen beim „Verfegen" die Stangen vorsichtig und langsam an der Pflanze gerieben werden und eine Verletzung der Pflanze im Gegensatz zum späteren Schlagen nicht sichtbar wird. Vielleicht handelt es sich dabei aber auch nur um ein vorsichtiges Schlagen, da der Bast noch nicht gänzlich schmerzunempfindlich ist.

Ein ebenso alter wie zutreffender Jägerspruch lautet: Alte Böcke verfegen früh und verfärben spät, junge Böcke verfegen spät und verfärben früh. Wobei hier mit dem Verfegen lediglich der wie auch immer geartete Übergang vom fertig ausgebildeten Bastgeweih hin zum blanken Gehörn „ohne Bast" gemeint ist. Abgesehen von der Tatsache, dass unter „alt" in diesem Fall zwei- oder mehrjährig zu verstehen ist, hat dieser Merksatz nach wie vor Gültigkeit. Ausnahmen bestätigen wie immer die Regel, sind aber eben nicht die Regel. Vor dem Hintergrund der Tatsache, dass Jährlinge beziehungsweise Bockkitze häufig erst im Februar oder März mit dem Schieben ihres ersten oder im Falle eines zuvor geschobenen Kitzgehörns zweiten Geweihes beginnen – zu einem Zeitpunkt also, an dem die älteren Böcke teilweise schon fegen – ist dies nicht mehr als logisch. Nach meinen Beobachtungen „verfegt" die große Mehrheit der Jährlinge durchschnittlich (!) etwa sechs Wochen nach ihren mehrjährigen Geschlechtsgenossen und nur selten nach der ersten Junidekade.

Aus Sicht der Jagdpraxis aber ist das „Fegen" oder „Schlagen" im Sinne der Markierung in Kombination mit aggressivem Verhalten scheinbar viel wichtiger. Denn über diese Fegestellen können wir die Anwesenheit mindestens (!) eines Bockes bestätigen. Mehr aber auch leider nicht ... Denn einerseits sind die Markierungsstellen nicht nur auf die Grenzen beschränkt, sondern im gesamten Territorium verteilt zu finden, andererseits fegen, wie bereits erwähnt, eben teilweise auch die nicht territorialen Böcke in den Revieren der Platzböcke.

Dabei motivieren sich die Rehböcke quasi gegenseitig zum Fegen beziehungsweise Schlagen. Meier (1983) wies in seinen Versuchen im Schweizer Kanton Aargau nach, dass noch nicht markierte Pflanzen häufiger gefegt werden, als solche, die bereits eigene Duftstoffe tragen und am intensivsten und aggressivsten solche Pflanzen bearbeitet werden, die den Individualgeruch anderer Böcke tragen. Er beobachtete weiterhin, dass das Markieren bis dato „neutraler" Pflanzen häufig nur über das Reiben der beschriebenen Drüsenfelder an der Pflanze ohne das aggressive Schlagen von statten geht. So erklärt sich im Umkehrschluss auch das besonders intensive Schlagen von Böcken die teilweise oder gänzlich ein zuvor besetztes Territorium übernehmen, dessen Inhaber erlegt wurde oder anderweitig ums Leben kam. Sie müssen quasi einmal „überstreichen".

Jeder Praktiker weiß darüber hinaus, dass die Auswahl der gefegten Pflanzen offenbar nicht dem Zufall unterliegt. Einige Autoren geben an, dass zum Beispiel durch ätherische Öle und Harz besonders aromatisch riechende Holzarten mit Vorliebe befegt werden. Es fällt weiterhin auf, dass besonders seltene Baum- und Straucharten – sofern sie nicht zu viele oder starke Seitenzweige tragen – bevorzugt angenommen werden. In meinem eigenen Nordheiderevier trifft es besonders die vergleichsweise wenigen Eichen-, Ahorn- oder Ebereschen, während der dominierenden Kiefer (obwohl intensiv harzend) weniger Beachtung geschenkt wird. Weiterhin beliebt sind

„neue“ Jungbäume die zum Beispiel im Rahmen von Hegebüschen, Hecken oder anderen Strukturen gepflanzt werden sowie standortfremde oder eingebürgerte Arten.

In einem Fall fehlte uns angesichts der abendlichen Dunkelheit die Zeit, etwa 20 Eichen- und Feldahornpflanzen die einen Ackerschlag vom direkt angrenzenden Waldrandweg trennen und diesen vor einer weiteren sukzessiven „Unter-Pflug-Nahme“ bewahren sollten, noch zu zäunen. Trotz Magendruck und größter Bedenken musste die Pflanzenschutzmaßnahme auf den nächsten Tag verschoben werden. Als ich am frühen Morgen wieder an Ort und Stelle eintraf, waren (wie befürchtet) fast alle Pflanzen im Sinne des Wortes auf Rummel und Stummel „zusammengeschlagen“. Eine zeitliche Fehlplanung, die mich wahrsten im Sinne des Wortes Lehrgeld kostete.

Hier wie dort werden Holunder, Eberesche, Weiden, Pappeln, Esche sowie Lärchen und Douglasien häufig befegt. Eine Häufung von Fegestellen wird regelmäßig zum Beispiel an oft genutzten Wechseln oder Wechselkreuzungen sichtbar und ist keinesfalls immer ein Indiz für eine hohe Rehbockdichte auf engem Raum. Eine kleinräumig zu beobachtende große Zahl von Plätz- und Fegestellen wird darüber hinaus allerdings oft durch Jährlinge verursacht.

Noch immer wird häufig die Meinung vertreten, dass alte und starke Böcke auch stärkere Stämme befegen. So schreibt auch Dr. Walter Kerschagl in seiner 1952 erschienenen Rehwildkunde: „Meist nimmt ein starker Bock ein stärkeres Bäumchen an als ein schwacher.“ Weiterhin soll das Befegen stärkerer Stämme laut Kerschagl von der Auslage des Gehörnes abhängig sein. Diese Beobachtungen kann ich aus eigener Erfahrung und vielen Gesprächen mit anderen Jägern und Wildbiologen nicht bestätigen.

Ein Beispiel: In einem überwiegend mit Erlen bestocktem, feuchten Revierteil, der seinerzeit meiner Meinung nach Teil des Territoriums eines zweijährigen Sechsers war, fielen mir Ende Juni Fegespuren an mehreren etwa vier Zentimeter starken Weiden auf. Der trotz besseren Wissens eilends und neugierig anberaumte Abendansitz auf dem Sitzstock offenbarte dann einen Jährlingsspießer, der weitere umstehende Weidenstämme so gut es ging bearbeitete, während sich weder der vermeintliche Platzbock noch der erhoffte „Unbekannte" die Ehre gaben. An stärkeren Stämmen werden Fege- oder Schlagspuren bei genauem Hinsehen häufig nur in Form von wenigen Kratzspuren sichtbar.

Fegen und Plätzen sind häufig zeitlich und räumlich unmittelbar miteinander verknüpft. Das Plätzen bezeichnet letztlich nichts anderes als ein intensives Scharren mit den Vorderläufen, bei dem nicht selten der blanke Erdboden freigelegt wird. Rehböcke plätzten bereits vor dem Schlagen beziehungsweise Verfegen der Gehörne. Ein aggressives Verhalten, dass auch vorm beziehungsweise beim Kampf mit anderen Rehböcken gezeigt wird. Die Tatsache, dass Plätzstellen häufig direkt vor befegten Pflanzen zu finden sind, ist ein weiteres Indiz dafür, dass das Fegen – neben der Funktion des Markierens – im übertragenen Sinne auch mit einem Scheinkampf oder „Posing" verglichen werden kann. Wie beim Kampf können beim intensiven Fegen und Plätzen einerseits der Hinterlaufschlag, andererseits die Losungsabgabe oder Nässen beobachtet werden, mit denen vermutlich ebenfalls markiert wird. Beim Hinterlaufschlag kommt es zur Sekretabgabe durch die so genannte Zwischenklauendrüse. Die Größe der Plätzstellen ist ebenso wie der Durchmesser der befegten Pflanzen nicht mit dem Alter oder der Stärke des Rehbockes verknüpft, sondern eine Funktion der jeweiligen Situation und der herrschenden Aggressivität.

Alles in allem können wir aus den Plätz- und Fegestellen für die Bejagung der Rehböcke also relativ wenig bis gar keinen Nutzen ziehen. Mitunter gelingt es allerdings – wenn es mit dem Blatten nicht klappt – oder die Situation es nicht zulässt, selbst mit einem Stock oder den Stiefelspitzen entsprechend hörbar zu plätzen und so den Rehbock auf Schussentfernung heranzulocken. Weidmannsheil!

Auch in den längeren Wangenhaaren finden sich Duftsekrete. Doch ist es für diesen Jüngling zum Markieren nicht etwas zu früh? Foto: Willi Rolfes

Leben Ricken territorial? Wenn ja, warum nicht ...

Mit der im vorherigen Kapitel dargestellten Setzzeit beginnen alljährlich auch die Diskussionen um die immer wieder kommunizierten Territorien der Ricken von Neuem. Besonders frisch gebackene Jungjäger aber auch altgediente Lodenkempen orakeln über das Revierverhalten der Rehgeißen, über die Größe und Zeitfenster ihrer Territorien und darüber, welche anderen Rehe von den Geißen in die Flucht geschlagen werden.

Auf Seite 28 wurde die Bedeutung von Territorien oder Revieren ausführlich am Beispiel der Rehböcke dargestellt. Zur Erinnerung: Einstände und Streifgebiete (Aktionsräume, Home Ranges) sind keine Territorien! Hochbeschlagene und/oder führende Ricken leben bekanntlich in hohem Maße standorttreu auf kleiner Fläche. Doch leben sie deshalb auch territorial? Einige Autoren beschreiben gar unterschiedliche Territoriumsgrößen von Schmalrehen. Was aber sollten Schmalrehe warum und gegen wen verteidigen?

So weit so gut. Allgemein bekannt ist, dass beim Rehwild im Frühjahr die Auflösung der stabilen Mutter-Kind-Beziehung erfolgt. Die Abspaltung der weiblichen Kitze beziehungsweise der Schmalrehe wird durch das aggressive Verhalten der Ricken kurz vor der neuerlichen Setzzeit gefördert. Die Bockkitze oder Jährlinge lösen sich meist früher und häufig selbstständig aus der Mutterfamilie. Die Schmalrehe aber werden zum Teil sehr vehement und nachdrücklich durch die hoch beschlagenen oder bereits führenden Ricken vertrieben.

Ebenso kann es zu Auseinandersetzungen zwischen den Ricken selbst kommen. Doch handelt es sich dabei um Territorialverhalten im Sinne des Wortes? Markieren die Ricken Reviere? Wen oder was verteidigen sie?

Naturgemäß versuchen die Muttertiere ihrem Nachwuchs die möglichst besten Startbedingungen und Überlebensmöglichkeiten zu bieten. Dazu gehört selbstverständlich auch die eigene körperliche Verfassung.

Denn offenbar steigt die Unduldsamkeit der Ricken gegenüber anderen mehrjährigen Geißen mit der verminderten Eignung des Lebensraumes. Ohne dass dabei feststehende Grenzen im Sinne eines Territoriums markiert oder eingehalten werden. So beobachtete Kurt (1991) im schweizerischen Pontresina, wo die als Setzplätze geeigneten Wiesen selten sind und wegen der späten Schneeschmelze erst unmittelbar vor dem Setzen bezogen werden, sehr häufig äußerst heftige Auseinandersetzungen zwischen hoch beschlagenen oder den bereits führenden Ricken. Im Vor-

Selbst zur Setzzeit sind Ricken zwar unduldsam, aber nicht territorial ... Foto: Willi Rolfes

dergrund steht ein gutes Äsungs- und Deckungsangebot. So erklären sich auch die in vielen Revieren häufig gemachten Beobachtungen von zahlreichen Geißen samt Nachwuchs auf sehr kleiner Fläche im Winterhalbjahr.

In besser geeigneten Lebensräumen werden solche Aggressionen selbst bei hohen Wilddichten ungleich seltener oder gar nicht beobachtet. Im Rahmen einer eigenen Untersuchung im damaligen Landesforstrevier Radbruch in der niedersächsischen Nordheide (1991–1995) wurde zwar regelmäßig das „Anjagen" von Schmalrehen beobachtet, in keinem Fall aber bei entsprechenden Begegnungen in der Zeit von Mai bis Juli eine direkte Auseinandersetzung zwischen unmittelbar benachbarten Ricken (n = 144). Dabei lag die Wilddichte wohlgemerkt bei mindestens 20 Rehen pro 100 Hektar, da schon der jährliche Abschuss nachhaltig über zehn Rehe auf gleicher Fläche erfasste. Gleiches gilt für mein Pachtrevier (ebenfalls Nordheide) sowie für weitere mir gut bekannte Reviere Niedersachsens, die einen durchschnittlichen bis guten Rehwildlebensraum bieten.

Warum aber vertreiben die Ricken diverse Schmalrehe selbst in guten Lebensräumen auch bei geringer Wilddichte, andere Ricken auch bei hoher Wilddichte aber nicht oder

… doch hat selbst diese Unduldsamkeit offenbar Grenzen. Foto: Willi Rolfes

nur selten? Offenbar geht es ihnen um eine gewisse Distanz zu ihren Töchtern. Sie möchten quasi in Ruhe gelassen werden und keine Energie an die weitere Führung der Schmalrehe vergeuden. Sie möchten sich auf sich selbst und die Aufzucht der neuen Kitze „konzentrieren" und Unruhe vermeiden. Andere hoch beschlagene oder führende Ricken hingegen beeinträchtigen sie dabei nicht. Dafür spricht auch die Tatsache, dass die Ricken schon im August nach der Blattzeit die Nähe der Schmalrehe wiederum dulden. Die Kitze nehmen längst selbstständig Äsung auf und ihre Saugaktivität ist deutlich herabgesetzt.

Im Falle des schweizerischen Pontresina oder anderen alpinen Regionen geht es dagegen um einen Mangel an geeigneten Setzplätzen und vielleicht auch an geeigneter Äsung. Trotzdem werden aber auch dort keine festen Territorien abgegrenzt und markiert. In den Revieren der Mittelgebirge und Tiefebenen besteht vor und in der Hauptsetzzeit ohnehin kein Äsungsmangel. Ausnahmen bestätigen die Regel.

Hinzu kommt: Territorialverhalten kostet Kraft und Energie. Zu kaum einer Zeit des Jahres ist das Energiebudget der Geißen aber so belastet wie in der frühen Zeit der Kitzaufzucht und -führung. Warum sollten sie ausgerechnet dann Reviere besetzen und verteidigen? Gegen die These der Setzterritorien sprechen auch Beobachtungen, bei denen Ricken fast unmittelbar nebeneinander setzten. So fanden meine Mitstreiter und ich am 4. Juni 2001 in einer etwa hektargroßen Mähwiese nicht weniger als fünf Kitze, die also von mindestens (!) zwei Ricken stammen mussten. Die häufig unterstellten Territorien müssten also vergleichsweise winzig sein.

Doch selbst die Errichtung und Verteidigung kleinster Territorien erscheint sinnlos, da die Ricke den jeweiligen Aufenthaltsort der Kitze nur ungefähr, manchmal gar nicht kennt. Die Kitze wählen den Abliegeplatz selbstständig und werden entgegen einer immer noch weit verbreiteten Meinung nicht von der Ricke abgelegt. Auch nehmen sie selbstständig Ortswechsel über beachtliche Distanzen vor. So können die Entfernungen zwischen Zwillingskitzen nach Stubbe (1997) mehrere hundert Meter betragen.

Bis zum Alter von etwa drei bis vier Wochen erfolgt die Kontaktaufnahme durch Rufen beziehungsweise Fiepen, was in erster Linie von den Kitzen ausgeht. In dieser Periode liegt die Aufenthaltszeit der der Mutter bei den Kitzen durchschnittlich unter einer Stunde pro Tag (Kurt 1968).

Das Raum-Zeit-Verhalten der Ricken und Kitze ist in diesem als „kritische Periode" bezeichneten Zeitfenster also durchaus unterschiedlich. Da der Individualgeruch noch keine oder allenfalls eine untergeordnete Rolle spielt, säugen Ricken in dieser Zeit auch fremde Kitze. Ebenso kann die bekannte Nachlaufreaktion der Kitze auch durch fremde Rehe, Schmalrehe oder sogar durch Böcke ausgelöst werden. Stubbe (1997) schildert zum Beispiel eine Beobachtung aus dem sachsen-anhaltinischen Hakel, bei der ein zwei bis drei Tage altes Kitz im kniehohen Getreide einem zweijährigen Bock folgte, der sich aber naturgemäß nicht darum kümmerte. So ist es beim Rehwild möglich, dass Mütter und Kinder vertauscht werden, ohne dass die jeweils andere Seite etwas davon merkt (u. a. Zeiler 2009).

Anton Bubenik wies dies bereits im Jahre 1965 bei seinen wechselnden „Umtauschversuchen" mit neun Kitzen und vier Ricken nach. In jedem Fall wurden die fremden Kitze beziehungsweise die fremden Ricken angenommen. So beschreibt auch Kurt (1991) aus seinem Untersuchungsgebiet im Berner Oberaargau zwei Ricken, die nur 50 Meter voneinander entfernt setzten und ihren Nachwuchs auch in unmittelbarer Nähe aufzogen. Die zuerst setzende Ricke hatte drei, die zehn Tage später setzende Ricke zwei Kitze. Drei Tage nach dem Setzen hatte die zweite Ricke eines der drei Kitze ihrer Nachbarin adoptiert und später auch aufgezogen. Erst nach etwa vier bis fünf Wochen (Prägung) ist dies nicht mehr möglich. Die Mutterfamilie ist dann sehr stabil.

Vor allem in Waldgebieten mit hoher Wilddichte leben die Rehe oft sehr kleinräumig in verwandtschaftlich organisierten Sippen. In verschiedenen Versuchen konnte nachgewiesen werden, dass verwaiste Kitze innerhalb dieser Gruppen von älteren Schwestern, Tanten etc. relativ problemlos adoptiert werden können. Es ist also, zumindest unter diesen Bedingungen, auch aus soziobiologischer Sicht sinnvoll, als „Rehmutter" kein Territorialverhalten zu pflegen.

Und in der Brunft? Auch im Juli und August überlappen sich die Streifgebiete der Geißen weitgehend. Hinzu kommt, dass auch beim Rehwild letztlich die Geiß entscheidet, mit welchem Bock sie sich paart. Dafür sprechen unter anderen zahlreiche Ergebnisse internationaler Forschungsarbeiten, die zeigten, dass zahlreiche Ricken zur Brunft ihre Streifgebiete verlassen, um bestimmte Böcke zu suchen und nach ein oder zwei Tagen wieder zurückkehren.

Linell (1995) zeigte, dass in seinem norwegischen Untersuchungsgebiet etwa 40 Prozent der besenderten Geißen derartige Wanderungen zur Brunft antraten. Dies deckt sich mit den Erkenntnissen von Zeiler (2009) im österreichischen Rosenkogel in der Steiermark. Die weiteste Abwanderung einer Geiß zur Brunft umfasste dort nicht weniger als 3,7 Kilometer! Anderthalb Tage später wurde das Stück wieder in seinem angestammten Streifgebiet geortet.

Sämtliche Fakten und Beispiele zeigen also, dass eigentlich alles gegen eine echte Territorialität der Ricken zur Setzzeit und darüber hinaus spricht. Fest steht dagegen, dass sich die Setz- und Streifgebiete der Ricken, je nach Wilddichte, mehr oder minder weit überschneiden können beziehungsweise müssen, ohne dass es dabei zu ernsthaften Auseinandersetzungen kommt oder kommen muss.

Blattzeit – Inzest ist kein Tabu

Rehe leben weitgehend standorttreu und häufig in hoher Dichte auf engem Raum. Darüber hinaus leben sie in Sippen. Welche Folgen diese Lebensweisen auf die Fortpflanzung und die Abläufe der Brunft hat, wird häufig ausgeblendet. Wenn wir uns aber von den diesbezüglichen menschlichen, ethisch-moralischen Vorstellungen lösen, ist alles halb so schlimm.

Rehe zeigen, unter anderem offenbar abhängig von Lebensraum und Jahreszeit, die unterschiedlichsten Varianten sozialer Organisationsformen. Diese können auf verwandtschaftlichen Beziehungen beruhen, müssen es aber nicht. Ein Beispiel für die erste Variante ist die Sippe, die von Kurth (1968) erstmals beschrieben und von ihm selbst (1991) sowie weiteren Autoren weiter erläutert wurde (u.a. Stubbe 1997). Doch was sind eigentlich Reh-Sippen? Was verbirgt sich hinter dem Begriff?

Im menschlichen Sprachgebrauch wird der Begriff Sippe oder auch Sippschaft – meist etwas abwertend – für Verwandtschaft im weiteren Sinne eingesetzt. Das von wissen.de empfohlene Universallexikon schreibt dazu: „Eine größere Verwandtengruppe mit gemeinsamen Vorfahren." Beim Rehwild ist diese Sippenbildung primär auf das Sozialverhalten der weiblichen Tiere zurückzuführen, was in diesem Zusammenhang einerseits durch die Bildung von Mutterfamilien, andererseits eben durch die Sippenbildung und die Besiedlung so genannter Sippen-Streifgebiete gekennzeichnet ist. Darüber hinaus handelt es sich bei Rehsippen in der Regel nicht um eine „größere Verwandtengruppe", sondern eher um kleinere Verbände. Nah verwandte Geißen tolerieren sich auf relativ kleiner Fläche, in der die Töchter und deren Nachwuchs im Zweifel eher geduldet werden als fremde Rehe und es ergibt sich eine auf Mutterlinien aufgebaute und traditionelle Nutzung bestimmter Lebensraumausschnitte.

Beobachten wir nun einmal den Jahreslauf einer imaginären vierjährigen Ricke im ausschließlich aus Wald und größeren Wiesenkomplexen bestehenden Revier Dasselfliegenhausen ab etwa Ende April/ Anfang Mai in folgender Szenerie: Es geht der Setzzeit entgegen. Das Rickenkitz aus dem Vorjahr – mittlerweile ein schmuckes Schmalreh – hat sich von seiner Mutter (unserer Ricke!) bereits vorübergehend gelöst oder besser lösen müssen und wird nun auf Distanz gehalten. Und das Schmalreh aus dem zurückliegenden Jahr, mittlerweile eine zweijährige Ricke, hat sich ebenfalls abgesetzt, um ihrerseits das erste Mal zu setzen.

Sie bleibt aber wie üblich im näheren Umfeld der Mutter. Der Bruder des letztjährigen weiblichen Kitzes, nunmehr ein schwarzer Jährlingsspießer, zieht im Dunstkreis seiner Mutter und geduldet im Territorium seines fünfjährigen Vaters seine Fährte. Sein um ein Jahr älterer Bruder fiel bereits vor nun knapp elf Monaten dem alljährlich angestrebten, hohen Jährlingsabschuss zum Opfer. Sein Vater wiederum ist seit mindestens drei Jahren zur Blattzeit in diesem Revierteil unangefochten „Chef im Ring".

Vorhang auf zum zweiten Akt: Es ist Anfang Juli. Der schwarze Jährling wird wiederholt beim Plätzen und Fegen im väterlichen Territorium beobachtet. Angesichts des Alten jedoch trollt er sich frühzeitig und auf Distanz bedacht in die nächst erreichbare Deckung. Der Alte selbst kommt mal allein, mal mit der jüngsten Tochter zusammen in Anblick. Und unsere Ricke führt in diesem Jahr nur ein Kitz. Ob es nur eins war, oder ein zweites und vielleicht ein drittes Kitz verendet ist, oder von Fuchs oder Sau gegriffen wurde, ist naturgemäß unbekannt. Ihre zweijährige Tochter führt ebenfalls ein Kitz. Beide Kitze sind normal gefärbt.

Der dritte Akt spielt unmittelbar vor und während der Blattzeit. In der ersten Einstellung am 18. Juli wird der fünfjährige Platzbock von einem Jagdgast erlegt. Brunftbetrieb ist in dem aus relativ kleinen Waldinseln und Grünland bestehenden Revierteil bisher nicht zu beobachten. Der schwarze Jährling aber wird nun zusehends mutiger. Er fegt und plätzt „in aller Öffentlichkeit" und erbt offenbar das Territorium seines Vaters. Außer einem Knopfbock, der am 21. Juli zur Strecke kommt, wird kein weiterer Rehbock in der nun folgenden, intensiven Phase der Brunft beobachtet.

Nächste Einstellung: Am 26. Juli wird der schwarze Yuppie beim Beschlag seiner Mutter und Anfang August bei der Paarung mit seiner um ein Jahr älteren Schwester beobachtet. Ebenso brunftet er mit einer älteren Ricke, vermutlich aus derselben Sippe. In welchem verwandtschaftlichen Verhältnis er zu dieser steht, ist aber unklar. Ob er sich auch mit seiner gleichalten Zwillingsschwester verpaart, ist ebenfalls nicht bekannt.

Schlussakkord: Beide Ricken führen im folgenden Jahr jeweils zwei Kitze. Das Schmalreh – jetzt zweijährige Ricke – führt ein Kitz. Dessen Vater ist zwar unbekannt, doch dürfte mit hoher Wahrscheinlichkeit der Onkel auch zugleich der Vater sein. Das Publikum räumt betroffen murmelnd Leitern und Kanzeln: *„Der Sohn mit der Mutter, Mannomann, und dann noch mit der Schwester ... Und der Vater zuvor mit der eigenen Tochter ..."*

Gibt's doch gar nicht? Gibt's eben doch. Denn die dargestellten Abläufe wurden im Rahmen des bereits mehrfach erwähnten Rehwildprojektes im Revier Radbruch beobachtet und feinsäuberlich protokolliert. Die Darsteller waren durch diverse Merkmale individuell bekannt, unverwechselbar schwarz oder sichtmarkiert (Ohrmarke). Die geschilderte Low-Budget-Produktion entspringt also dem Reality-TV.

Ein Einzelfall? Glaube ich nicht. Eher schon eine durch individuelle Kenntnis der beteiligten Rehe möglich gewordene Beobachtung von Ereignissen, die wohl eher die Regel, als die Ausnahme sein dürfte. Dies bestätigen Literaturangaben, auf die später noch genauer eingegangen wird. Daran ändern letztlich auch jene Geißen nichts, die zur Brunft offenbar zu einem bestimmten Bock für kurze Zeit relativ weit abwandern.

Doch zurück zu den Mutterfamilien. Ricken erweisen sich gegenüber ihren einjährigen Töchtern kurz vor, während und noch einige Zeit nach der neuerlichen Setzzeit zwar als sehr unduldsam und aggressiv, trotzdem aber treiben sich die Schmalrehe während der Setzzeit und zur Brunft meist im mütterlichen Aktionsraum herum. Dabei ist das vom Schmalreh genutzte Gebiet im Normalfall größer als der

Aktionsraum der Mutter. Bereits im Spätsommer aber stoßen dann die Schmalrehe häufig schon wieder „zur Truppe“. Erstmals setzende Ricken bringen ihre Kitze folgerichtig und regelmäßig in der Nähe ihrer Mutter auf die Welt und halten sich auch darüber hinaus in diesem Gebiet auf.

Dass es darüber hinaus, je nach Lebensraum und Wilddichte, abwandernde Schmalrehe gibt, steht außer Zweifel. Ellenberg (1975) bemerkt dazu:

„Wenn weibliche Rehe auswandern, tun sie dies als Schmalrehe. Ihr weiteres Leben spielt sich innerhalb des Jahres-Home-Range ab, das sie als Schmalreh bewohnten ... Nur eine Geiß verließ ihr Schmalrehgebiet am Ende ihrer ersten Trächtigkeit. Sie war im Winter sozial isoliert worden und setzte sich in einem bisher weibchenleeren Gebiet fest. Hier

Das Treiben des Bockes war erfolgreich. Der Verwandschaftsgrad der Partner bleibt in aller Regel unbekannt. Fotos: Willi Rolfes

wohnte sie dann für den Rest ihres Lebens."

Interessanter, weil doch bezeichnender, als diese Ausnahme ist jedoch auch hier wieder einmal die Regel.

Ellenbergs Ergebnisse sowie die Beobachtungen von Kurth (1991) machen die soziale Organisation von weiblichen Rehen in auf Blutsverwandtschaft gegründeten Sippen ausreichend deutlich. Hermann Ellenberg schreibt dazu: „Solche Weibchensippen sind exklusiv und erschweren nicht verwandten Geißen den Aufenthalt im Gebiet. Die Aufnahme in die Sippe wird für eine junge Geiß offenbar erleichtert, wenn sie sich dem ansässigen territorialen Bock den Sommer über anschließt.

Auf diese Weise kann es auch einem fremden Schmalreh gelingen, an eine etablierte Sippe Anschluss zu finden. Die meisten Weibchensippen lassen sich mit großer Wahrscheinlichkeit einem bestimmten Territorium zuordnen, dessen Besitzer jedoch im Laufe der Jahre wechseln kann." Ellenberg schildert die Zusammensetzung mehrerer Sippen und ihre Aktionsräume über Jahre hinweg.

Nun aber zur Funktion der Böcke in diesen Sippen, die nicht immer klar wird, oftmals auch gar nicht erklärt werden kann. Es ist bekannt, dass die meisten Böcke im Alter von zwei, drei oder selten auch mehr Jahren territorial werden. Die Territorien werden fortan weitgehend beibehalten, können aber auch erweitert werden. Eine besondere Rolle fällt demzufolge den Jährlingen zu. Aggressive Jährlinge werden im Zweifel vom Vater oder von im Umfeld etablierten, territorialen Böcken zum Abwandern „bewegt" und versuchen anderenorts dann ein eigenes Territorium zu übernehmen.

Weniger oder zunächst gar nicht aggressive Jährlinge haben jedoch gute Chancen, quasi zu Hause wohnen bleiben zu können und durch den Tod des Territoriumsbesitzers (im Zweifel ihres Vaters) oder eines direkten Nachbarn ein freigeworde-

Erstmals setzende Ricken bringen ihre Kitze regelmäßig in der Nähe ihrer Mutter auf die Welt und halten sich auch darüber hinaus in diesem Gebiet auf. Foto: Jonas Burkhardt

nes Gebiet zu übernehmen. So, wie es bei oben geschildertem schwarzen Jährling im Radbrucher Untersuchungsrevier nachweislich der Fall war. Doch muss der Vorbesitzer nicht unbedingt sterben. Sehr alte Böcke geben ihre Territorien mitunter auch einfach auf und ermöglichen es jüngeren Böcken auf diese Art und Weise, sich zu etablieren.

Das Verhältnis oder die soziale Bindung zu den weiblichen Rehen ist jedoch in höchstem Maße unterschiedlich. Oft scheint es über die Rolle des Fortpflanzungspartners nicht hinauszugehen. Eine vortreffliche Ausnahme schildert wiederum Ellenberg (1975):

„Ein als Kitz sichtmarkierter Bock kommt als Jährling zwar in gute Kondition, wird aber nicht aggressiv. Ein Jahr später kann er dann in einem Teilgebiet seines Jährlingseinstands unangefochten territorial werden und bleibt fortan dort. Der Bock ließ sich schon als Jährling gern von einem verwaisten Schmalreh begleiten. Mit diesem Reh war er seither quasi verheiratet. Sie lässt sich von ihm in der Brunft beschlagen und zieht mit ihm und ihren Kitzen – fast nie mit anderen Rehen – fast das ganze Jahr über. Nur von der Setzzeit bis zur Brunft ist sie meistens allein. Der Bock ist gegenüber seinen Kindern ausgesprochen tolerant, darunter in zwei Sommern jeweils ein Jährling, in einem Sommer ein bereits zweijähriger Bock. Aber er duldet keine fremden Rehe in seinem Gebiet, weder weiblich noch männlich.“

In diesem Fall war der Bock offenbar tatsächlich das unduldsame Sippen-Oberhaupt. Vielleicht sind auch die hier und dort zu beobachtenden überaus aggressiven Verhaltensweisen einzelner Böcke gegenüber weiblichen Rehen und sogar Kitzen in diesem Kontext zu verstehen.

Was mir bisher trotz einer phasenweise sehr intensiven Beobachtung nicht gelang, ist die tatsächliche Abgrenzung einer Sippe und/oder die genaue Erfassung ihrer Streifgebiete. Es liegt zwar auf der Hand, dass auch individuell nicht bekannte oder nicht markierte Ricken, die mit ihrem Nachwuchs innerhalb von ein oder zwei Minuten auf dem selben Wechsel den selben Einstand verlassen, sicher einer gemeinsamen Sippe angehören. Dies umso mehr, wenn die miteinander vertrauten Kitze untereinander sofort anfangen zu spielen.

Darüber hinaus aber wird es ohne Sichtmarkierung oder Telemetrie außerordentlich schwierig. Ein Beispiel: Mit meinem älteren Sohn Felix zusammen habe ich am 2. September 2004 auf einer etwa vier Hektar großen Waldwiese im eigenen Revier an einem Abend insgesamt 16 Rehe beobachtet, die gleichzeitig die stets gut frequentierte Äsungsfläche nutzten. Darunter war nur ein mehrjähriger Bock. Ansonsten Ricken mit Kitz(en), zwei Schmalrehe und zwei Jährlinge. Alle – bis auf die Jährlinge und der ältere Bock – zogen mehr oder minder dicht aneinander vorbei oder umeinander herum durch das gut kniehohe Grünland.

Während die einen ruhten und wiederkäuten, ästen die anderen, verschwanden kurz im Bestand, zogen wieder hinaus und so weiter. Einfach Friede, Freude, Eierkuchen. Die Böcke, sogar die beiden Jährlinge untereinander, hielten höflich Distanz und wirkten darüber hinaus gänzlich unbeteiligt. Alles eine Sippe? Oder trafen sich dort angesichts der guten Äsung die Mitglieder zweier Sippen? Ich weiß es nicht.

In der Literatur werden RehSippen als relativ kleine Verbände beschrieben. Stubbe (1997) bemerkt hierzu: *„Eine Rickensippe besteht aus zwei bis vier führenden Ricken mit den dazugehörigen Kitzen, Böcken und Schmalrehen. Ricken bilden in der Regel nur mit Angehörigen der gleichen Sippe gemeinsame Sprünge."*

Zumindest in offenen Feldrevieren mit Sprüngen von 20, 25 oder teilweise weit mehr Rehen dürfte dann aber die Ausnahme eher die Regel sein.

Ein wichtiges Ergebnis all dieser Betrachtungen ist jedoch, dass Rehe – allen voran Jährlinge und Schmalrehe – zwar mehr oder weniger weit abwandern können aber eben nicht müssen und dies auch nur relativ selten tun. Im Gegenteil, was auf das weibliche Rehwild in besonderem Maße zutrifft.

Von „wollen" kann schon gar keine Rede sein. Denn es ist ein gutes, weil bewährtes Prinzip, „wenn ich dort bleibe, wo ich selbst gut aufgewachsen bin". Warum aber sollte ein Schmalreh freiwillig unbekanntes Terrain betreten und in eine ungewisse Zukunft abwandern?

So zeigten auch diverse Markierungsaktionen diesbezüglich ein-

Ob tatsächlich nur die Mitglieder einer Sippe gemeinsame Sprünge bilden, ist weitgehend unbekannt. Doch spricht einiges dagegen. Foto: Willi Rolfes

deutige Ergebnisse. Elliger (1999) schildert für die Rehwildmarkierung in Baden-Württemberg, dass 47 Prozent der ein- oder mehrjährigen Rehe in einem Umkreis von 500 Meter um den Markierungsort erlegt oder wiedergefunden wurden. Reimoser et al. (1989) beschreiben dieselbe kurze Distanz für 45 Prozent der männlichen und 50 Prozent der weiblichen ein- oder mehrjährigen Stücke in Niederösterreich.

Verantwortlich für Abwanderungen bei den allermeisten Wild- beziehungsweise Wildtierarten sind denn auch meistens einschneidende Veränderungen im Lebensraum. Dort, wo die Lebensräume weitgehend stabil sind, besteht keine Veranlassung, ohne Druck das Feld freiwillig zu räumen. So bleibt zwar die Abwanderung ein probates Mittel, um schlechte Lebensraumverhältnisse (vielleicht nur vorübergehend) oder Sozialstress durch hohe Dichten im Sinne des Wortes zu umgehen. Zur Inzestvermeidung aber ist sie nicht notwendig, wie uns zum Beispiel die nach wie vor prosperierenden Rehwildbestände eindrucksvoll vor Augen führen.

Vor diesem Hintergrund müssen wir uns endgültig davon lösen, die möglichen Folgen des „Schreckgespenstes Inzest" vom Menschen nahtlos auf Wildtiere zu übertragen. Der Geschlechtsverkehr beziehungsweise die Fortpflanzung mit engsten Blutsverwandten ist, wie wir am Beispiel des Rehwildes gesehen haben, offenbar völlig normal und in der Regel ohne negative Folgen für die Nachkommen oder die Population. Es reicht offensichtlich aus, wenn sich in unterschiedlich langen Zeiträumen regelmäßig „Nichtverwandte" einkreuzen.

Dies gilt selbstverständlich nicht nur für Rehe, sondern für alle anderen Arten gleichermaßen. So war es schon vor Jahrhunderten bekannt, dass Platzhirsche beim Rotwild unter bestimmten Bedingungen über Jahre hinweg ihren Status behaupten können.

Folglich beschlagen sie dort auch über Jahre hinweg eine unbekannte Zahl ihrer unterschiedlich alten Töchter und vielleicht Enkelinnen!

„Das macht aber nichts", bestätigte mir Prof. Dr. Kathrin Stöve-Schimmelpfennig, Professorin für Tierzüchtung und Fortpflanzungsphysiologie von der Fachhochschule in Kiel, *„sofern ab und an mal ein Wechsel stattfindet – absolut kein Problem!"*

Im Niederwildbereich ist der Feldhase ein gutes Beispiel. Als junger Jäger unverdrossen habe auch ich noch gelernt: *„Wenn nicht gestört und nicht gehetzt, bleibt er gern dort, wo er gesetzt."*

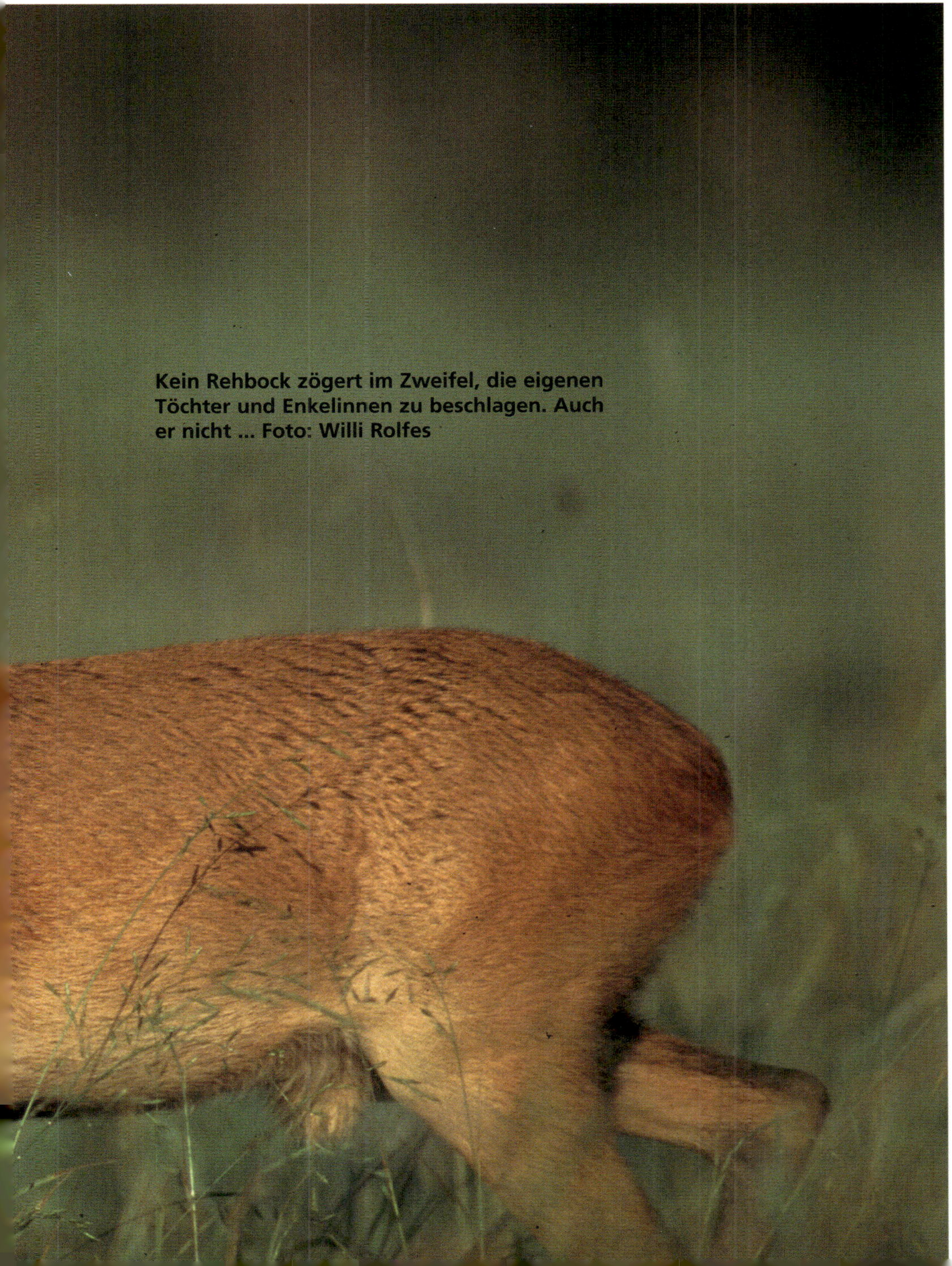

Kein Rehbock zögert im Zweifel, die eigenen Töchter und Enkelinnen zu beschlagen. Auch er nicht ... Foto: Willi Rolfes

Auch bei Rehen gibt es lebenslange Paarbindungen. Doch handelt es sich dabei um seltene Ausnahmen.
Foto: Willi Rolfes

Das stimmt zwar genau genommen so nicht, zielt aber letztlich darauf ab, dass auch ein Hase ohne Not – vor allem angesichts negativer Lebensraum-Veränderungen – sein Geburtsgebiet nicht verlassen muss. Folglich wird er sich dort auch mit mehr oder minder nahen Verwandten paaren. Zu einer möglicherweise beeinträchtigenden Inzucht kommt es aber allein schon durch das panmiktische Paarungsystem des Feldhasen nicht.

Eine Häsin bringt selbst bei relativ geringen Wilddichten mehrere Sätze Junghasen mit unterschiedlichen Vätern zur Welt. Auch die Forschungen an Murmeltieren im Nationalpark Berchtesgaden zeigten, dass sich regelmäßig sehr nah verwandte Tiere miteinander fortpflanzen, ohne dass es zu negativen

Folgeerscheinungen kommt (Hackländer 2005, mündl. Mitteilung). Und eine Population gilt wissenschaftlich schon dann nicht als ingezüchtet, wenn „ab und zu" eine Blutauffrischung erfolgt.

Andererseits kommt es grundsätzlich immer dann zu einer genetischen Verarmung von Populationen, wenn die Anzahl der Tiere abnimmt und/oder die Größe beziehungsweise Vielfalt des Habitats schrumpft oder fragmentiert wird. Ebenso trifft dies auf die bekannten Insel- oder Gründer-Populationen zu (Gründer-Effekt).

Auch wenn diese dann zwangsläufig gegebenen Verarmungen der genetischen Variabilität in aller Regel und in freier Wildbahn zunächst nicht unmittelbar zu negativen Folgeerscheinungen führen, kann es langfristig und bei veränderten Umweltbedingungen vor dem Hintergrund einer genetisch bedingten mangelnden Anpassungsfähigkeit zum Zusammenbruch der Population kommen.

Solche Mechanismen sind ausreichend gut untersucht und seit langem bekannt. So kam es bei einer unter kontrollierten Bedingungen eingezüchteten „Feldhasenpopulation" schon nach relativ wenigen Generationen nicht mehr zur Fortpflanzung. Dabei wurden zunächst Geschwister miteinander, im Anschluss die Nachkommen wiederum untereinander und mit den Eltern verpaart und so weiter.

Abgesehen davon, dass eine solch apokalyptische Situation von den Gegebenheiten beim Rehwild in freier Wildbahn unendlich weit entfernt ist, bleibt es eine unserer bedeutendsten Aufgaben, die noch vorhandene genetische Vielfalt der freilebenden Fauna und Flora so weit als irgend möglich zu erhalten.

Neues Leben im Revier

Neben dem Beginn der Bockjagd und den zugehörigen Erzählungen, zählen die Beobachtungen von Rehkitzen im Mai und Juni oder gar zuvor zu den beliebtesten Jäger-Themen. Doch unterliegt auch die Hauptsetzzeit der Rehe erheblichen zeitlichen Schwankungen.

Aus Sicht des einzelnen Jägers, eines Revieres, einer Region oder auch eines Bundeslandes ist die Frage nach den Setzterminen ohnehin nur unzureichend zu beantworten. Wann finden wir tatsächlich mal ein noch fest abliegendes Rehkitz? Entweder per Zufall oder beim Absuchen von zur Mahd anstehenden Wiesen. Dabei handelt es sich in aller Regel um Momentaufnahmen, die die zeitlichen Differenzen der Setztermine und ihre Hintergründe nicht deutlich machen. Und den Setzakt selbst dürften wohl nur die allerwenigsten von uns in freier Wildbahn beobachtet haben.

So weisen auch meine eigenen diesbezüglichen Aufzeichnungen über in Nord- oder Nordostniedersachsen gefundene und teilweise markierte Rehkitze zwar als frühesten Termin den 8. Mai, als spätesten den 11. Juni aus (n = 78). Und sicher dürften sich diese Erfahrungen mit den Beobachtungen zahlreicher Praktiker in etwa decken, doch basieren diese Eckpunkte letztlich auf einer viel zu geringen Datenbasis, die eine ganzheitliche Betrachtung ohne jeden Zweifel ausschließt.

Etliche Forschungsarbeiten mit einem entsprechend hohen Stichprobenumfang geben uns aber einerseits umfassende Informationen darüber, in welcher möglichen Zeitspanne Rehkitze gesetzt werden, andererseits gewähren sie weitreichende Einblicke in die Hintergründe und Ursachen für zum Teil jährlich schwankende Hauptsetzzeiten. Auf einige dieser Arbeiten soll im Folgenden eingegangen werden.

Professor Walter Rieck veröffentlichte 1955 in der Zeitschrift für Jagdwissenschaft unter anderem die Analyse der Setz- beziehungsweise Markierungstermine von 16.687 Rehkitzen aus den Jahren 1936 sowie zwischen 1938 und 1940 innerhalb der damaligen deutschen Grenzen. Seinen Ausführungen folgend, werden Rehkitze insgesamt in der Zeit zwischen Anfang März und Anfang September gesetzt. Für viele Jäger sicher zunächst ein verblüffender Befund. Die Erhebungen des damaligen Leiters des Institutes für Wildtierforschung und Jagdkunde der Universität Göttingen zeigen aber auch, dass etwa 96 Prozent (!) aller Rehkitze im Mai oder Juni geboren werden. In der Zeitspanne also, die in jedem Jungjägerkurs unseres Landes als die Hauptsetzzeit des Rehwildes gelehrt und im allgemeinen Schrifttum zum Rehwild weitergegeben wird. Es kommt letztlich nicht von ungefähr, dass der mittlere Setzzeitpunkt heute allgemein auf den 1. Juni terminiert wird, was durch entsprechende Befunde aus unseren Nachbarländern bestätigt wird.

Insgesamt zeigen die vorliegenden Ergebnisse jedoch, dass sich die komplette Hauptsetzzeit sowohl geografisch als auch in ein und derselben Region um mehrere Tage oder Wochen verschieben kann.

Dagegen fand zum Beispiel Stubbe (1985, 1994) keine altersabhängige Differenz beim Setztermin von

Erst nach der Prägungsphase erkennen die Ricken ihre Kitze. Bis dahin können sie annähernd beliebig ausgetauscht werden. Foto: Willi Rolfes

unterschiedlich alten (markierten!) Ricken in dem ehemaligen Wildforschungsgebiet Hakel in Sachsen Anhalt. Wohl aber zeigte sich die Tendenz bei den Brunft- und Beschlagterminen, dass ältere Ricken eher brunften als jüngere und Schmalrehe. Brunftverhalten von Schmalrehen wurde im Hakel nicht vor dem 1. August beobachtet, was der noch immer verbreiteten Meinung, dass Schmalrehe vor den führenden Ricken brunften, ganz eindeutig widerspricht.

Da eine Altersabhängigkeit bezüglich des Setztermins offenbar nicht besteht, stellt sich zwangsläufig die Frage nach anderen möglichen Faktoren, die für die sehr unterschiedlichen Setzzeitpunkte verantwortlich sind. In Frage kommen zum Beispiel genetisch fixierte Anlagen, stark variierende Brunfttermine oder ein Steuermechanismus, der den Setztermin der meisten Kitze in die günstigste Vegetationsperiode fallen lässt.

Der Schlüssel liegt offenbar im vorherrschenden Klima in den Monaten April, Mai und Juni sowie, daran gekoppelt, an dem unterschiedlichen Grad der geografisch spezifischen Vegetationsentwicklung.

Grundsätzlich zeigen die vorliegenden Arbeiten, dass sich der Setzzeitpunkt vom Flachland ins Gebirge sowie von Südwesten nach Nordosten weiter in den Juni verschiebt. Optisch leicht nachvollziehbar wird dieser Sachverhalt, wenn man zum Beispiel etwa Mitte April von der Lüneburger Heide in Norddeutschland über Hessen und Rheinland-Pfalz ins Saarland fährt. Man fährt quasi in den Frühling hinein, was allein schon an der deutlich weiteren Entwicklung der Autobahnvegetation sichtbar wird.

Folgerichtig fand Rieck zum Beispiel in Mittelfranken eine Verteilung der Kitzgeburten, die zu 61% in den Mai und zu 37 % in den Juni fielen. In Kärnten hingegen wurden nur 5 % im Mai, 71 % im Juni und noch 21 % im Juli markiert. Generell überwog in Nordostdeutschland und den Alpenländern die Zahl der im Juni gesetzten Kitze. In dieses Bild passen auch die Ergebnisse von M. Szederjei (1971), der die Hauptsetzzeit für Ungarn auf den Zeitraum zwischen dem 14. April und dem 17. Mai begrenzt. Der dänische Wildbiologe Strandgaard wies weiterhin nach, dass die Kitze an der klimatisch milderen dänisch-jütländischen Ostseeküste durchschnittlich etwa zwei Wochen früher gesetzt werden als an der Westküste.

Interessanterweise lassen sich bezüglich der Hauptsetzzeiten, aber auch in den Populationen oder Regionen selbst, signifikante Unterschiede nachweisen. Dabei kommen die Autoren übereinstimmend zu dem Schluss, dass die Witterung, vornehmlich die Temperatur und daran geknüpft die Entwicklung der Vegetation noch während der Tragzeit die Ursache für diese Schwankungen sind. So berichtet zum Beispiel Sägesser (1969) aus seinen Untersuchungsgebieten im Kanton Bern (Schweiz) für die Setzzeit im Jahre 1965 mit einem kühlen und von hohen Niederschlägen geprägten Vorlauf von einem mittleren Setztermin am 3. Juni. Im klimatisch günstigeren, milden Folgejahr 1966 verschob sich das Geschehen um eine Woche nach vorn auf den 27. Mai. Entsprechende Werte aus dem Schweizer Mittelland zeigen, dass die Hauptsetzzeit im milden Jahr 1971 in die Woche vom 17. bis zum 23. Mai fiel, im kühleren Jahr 1972 in die Zeit vom 29. Mai bis zum 4. Juni.

Die Witterungseinflüsse zur Setzzeit selbst spielen dabei offenbar keine Rolle. In der oben zitierten Untersuchung aus der Schweiz wurden bezüglich der Zahl der gesetzten Kitze Höchstwerte sowohl an kalten regnerischen, als auch an warmen sonnigen Tagen gefunden. Eine Korrelation ließ sich weder zur mittleren Tagestemperatur, Sonnenscheindauer und Niederschlagsmenge noch zum Luftdruck herstellen.

Es geht im Kern also um das Entwicklungsstadium der Pflanzendecke. Ellenberg (1978) brachte es über seine Forschungen im Versuchsgatter Stammham in Bayern auf den Punkt. Er charakterisierte die phänologische Entwicklung der Vegetation neben den Blüh- und Austreibeterminen anderer im Lebensraum vorkommender Pflanzen vor allem über das Austreiben der Buchenblätter. Im Frühjahr 1973 mit einem strengen Spätwinter ergrünten die ersten Buchen erst am 29. April. Im milden Frühjahr von 1976 dagegen fiel der Termin bereits auf den 18. April. Der mittlere Setztermin wurde von Ellenberg in diesem Jahr am 18. Mai, im Jahr 1973 aber erst am 31. Mai, also fast zwei Wochen später ermittelt. Die Gesamttragzeit war in diesem Jahr also nachweislich länger als im Jahr 1976. Die Höhepunkte der Blattzeit in beiden Jahren lagen nur etwa drei Tage auseinander.

Ellenberg selbst bemerkt dazu, dass *„das späte Frühjahr 1973"* das Setzen um etwa 14 Tage verzögerte und die Tragzeit um etwa zehn Tage verlängerte. Dies obwohl der Winter an sich relativ mild war, was die Bedeutung der Frühjahrswochen für den Setztermin unterstreicht. Ellenberg: *„Rehe sind offenbar in der Lage, ihre Beschlagenheitsdauer äsungsabhängig modikativ so zu steuern, dass ihre Kitze in die günstigste Jahreszeit hinein gesetzt werden."* Kurth (1991) kommentiert diese als gekennzeichnet *„durch verhältnismäßig hohe Temperaturen, durch einen Überschuss an leicht verdaulicher Nahrung und durch eine bereits weitgehend entwickelte geschlossene Pflanzendecke, die die Kitze vor Feinden und auch vor übermäßigen Wärmeverlusten schützt."*

So weit so gut. Doch stellt sich zwangsläufig die Frage, über welchen physiologischen Vorgang die Ricken die Dauer der eigenen Tragzeit steuern sollten? Naheliegend ist hier die Meinung von Sä-

Früh übt sich, wer ein Konzentratselektierer werden will.
Foto: Willi Rolfes

gesser (1968) demzufolge durch höhere Temperaturen früher im Jahr mehr und bessere Äsung zur Verfügung steht, wodurch die Entwicklung der Embryonen indirekt beschleunigt wird. Diesen Standpunkt unterstützen zum Beispiel die Daten aus Ungarn, wo trotz einer zeitlich in etwa vergleichbaren Blattzeit, die Kitze erheblich früher gesetzt werden als in Deutschland.

Insgesamt zeigt sich also, dass die große Mehrheit der Kitze weitgehend unabhängig von der im Jahr davor erfolgten Brunftzeit beziehungsweise dem Beschlagstermin gesetzt werden. Hinzu kommt, dass die Brunftigkeit der Ricken hormonell über den Zeitgeber der täglichen Lichteinstrahlung gesteuert beziehungsweise ausgelöst wird. Dies gewährleistet, dass fast alle weiblichen Stücke in einem etwa gleichbleibenden Zeitraum brunftig werden.

Innerhalb dieses Zeitraumes kann sich der Höhepunkt der Brunft aber leicht verschieben, was wiederum an die vorhergehende Setzzeit gekoppelt zu sein scheint. Stubbe (1994) bemerkt dazu: *„Nach einem milden Winter und frühem Setztermin muss mit einer zeitigen Brunft gerechnet werden."* Ellenberg ermittelte ein ziemlich konstantes Zeitintervall zwischen dem Setz- und Brunfttermin von 67 +/- zwei Tagen. Dass aber eine populationsspezifisch frühe Brunft nicht konsequenterweise auch einen frühen mittleren Setztermin nach sich zieht, zeigen die obigen Beispiele.

Die Zahl der fortpflanzungsfähigen weiblichen Rehe, die in der Hauptbrunft nicht beschlagen werden, ist sehr gering. Diese wenigen Stücke können in der so genannten Neben- oder Nachbrunft beschlagen werden, die im Dezember erfolgt und in etwa mit dem Ende der Keimruhe zusammenfällt. Über die folgenden Setztermine ist mangels Masse an sicheren Beobachtungen nichts bekannt. Es ist jedoch davon auszugehen, dass diese Ricken oder Schmalrehe in der Hauptsetzzeit gemeinsam mit den anderen weiblichen Stücken ihre Kitze setzen.

In einigen wenigen Fällen werden offenbar auch Kitze bereits beschlagen. So erlegte Fischer (1969, zit. in Stubbe 1994) am 19. März ein Rickenkitz, dass einen neun Zentimeter langen Embryo in der Tracht trug und Neubert (1970) fand in der Gebärmutter eines am 23. Mai erlegten Schmalrehes einen schwach entwickelten Embryo. In einer schwedischen Studie fand man bei der Untersuchung von 362 Schmalrehen und Ricken lediglich ein Schmalreh mit einem Embryo in der Tracht. Wann diese Stücken beschlagen wurden oder wann sie gesetzt hätten – sofern die Embryonen ausgetragen worden wären – ist logischerweise nicht bekannt. Denn einerseits konnte man von der Größe der Föten nicht auf den Beschlagstermin schließen, da nicht bekannt war, mit welcher Geschwindigkeit sich der Keim in diesen Fällen entwickelte, andererseits können tote Rehe bekanntlich nicht mehr setzen. Auch Ellenberg bestätigte bereits im Februar ein trächtiges Kitz.

Zusammenfassend bleibt festzuhalten, dass letztlich sowohl die Hauptbrunft als auch die Hauptsetzzeit wohl ausnahmslos in den hinlänglich bekannten Zeiträumen ablaufen. Dies schließt wiederum nicht aus, dass eine in der Anfangsphase der Brunft früh beschlagene Ricke in Norddeutschland bei entsprechender Witterung im darauf folgenden Frühjahr vielleicht schon Ende April setzen kann. Doch sind dies dann die so oft zitierten Ausnahmen, die die Regel bestätigen.

Alljährlich werden in Deutschland Rehkitze in sechsstelliger Zahl totgemäht. Ein trauriges Gemetzel. Foto: Willi Rolfes

Zu dieser Problematik bietet die Landesjägerschaft Niedersachsen den Flyer „Unseren Wildtieren zuliebe – Maßnahmen zur Vermeidung von Wildtierverlusten bei der Frühjahrsmahd" im Internet unter www.ljn.de/ueber_uns/downloads zum Herunterladen an.

Wintermantel und Fettreserven

Es ist knisternd kalt und eine leichte Schneedecke überzieht das Revier. Hier und dort beobachten wir Rehe in ihrer dichten Winterdecke, die an der verbliebenen, oft kargen Winteräsung, günstigenfalls an dem Bewuchs eines Wildackers äsen. Ein kalter Ostwind kommt auf und es beginnt erneut zu schneien. Mit kalten Füßen ziehen wir uns vom Reviergang zurück und freuen uns auf einen guten Grog und eine warme Mahlzeit. Und die Rehe selbst?

Sämtliche Haarwildarten und die Standvögel unter dem heimischen Federwild müssen selbst in Mitteleuropa Temperaturspannen von etwa 60 Grad Celsius oder mehr überstehen. Diese Quecksilbersäule entspricht dem Unterschied zwischen heißen Hochsommerphasen mit etwa 35 Grad und sehr kalten Wintertagen mit minus 25 Grad oder darunter – verbunden mit einem ausgeprägten Wechsel des natürlichen Äsungsangebotes sowie mehr oder minder hoher Schneelagen. Und immerhin ist die durchschnittliche Höhe der winterlichen Schneedecke vielfach der entscheidende Faktor für die Verbreitung oder die schwankenden Arealgrenzen einer Art. So stehen auch Rehe – den Vegetationsphasen entsprechend – einem in Masse und Qualität stets fortlaufend wechselnden Äsungsangebot gegenüber. In Kurzform und stark vereinfacht bedeutet dies: im Sommer gut satt, im Winter recht matt.

An diese jahreszeitlichen Wechsel aber ist das Reh über seine Aktivitätsrhythmik und seinen Stoffwechsel natürlicherweise gut angepasst. Wie sonst hätte der kleine Cervide bis heute mit großem Erfolg überleben können? Eine allzu große Sorge um das Rehwild im Winter ist also zumindest im Flachland fehl am Platz.

Oder haben Sie in den letzten Jahren nennenswerte winterliche Fallwildzahlen registriert? Mir sind keine bekannt geworden. Sämtliche befreundeten oder bekannten Jäger die ich in Vorbereitung dieses Buches befragte, winkten ab. Und dass sämtliche durch winterliche Witterungseinflüsse eingegangenen Rehe in kürzester Zeit durch Füchse, Schwarzwild und andere Aasfresser komplett verwertet werden, glaube ich nicht. Denn unter den befragten Jägern waren etliche Berufsjäger, die jeden Tag mit mindestens einem Hund im Revier sind.

Knopfböcke und Schmalrehe mit acht oder neun Kilogramm zu Beginn der Jagdzeit sprechen ebenfalls dagegen. Hinzu kommt, dass Rehe nicht von einer Sekunde auf die andere erfrieren und tot umfallen. Wir müssten also auch bei der Jagd und im Rahmen von Reviergängen häufiger stark abgekommene Todeskandidaten registrieren.

Rehe sind zwar im übertragenen Sinne der Bergmannschen Regel allein durch ihre geringere Körpergröße weniger kälteresistent als beispielsweise das Rotwild, doch offenbar zäher als häufig vermutet wird. Der erste natürliche und offensichtliche Kälteschutz entsteht durch den herbstlichen Haarwechsel. Das Haarkleid dient über den direkten Schutz hinaus dazu, eine weitgehend ruhende Luftschicht als äußerst wirksame Thermoisolation unmittelbar über der Haut zu erzeugen. Das Winterhaar ist nicht nur deutlich länger, sondern auch wesentlich dicker als das Sommerhaar und beinhaltet in sich deutlich mehr Lufteinschlüsse. Beim Reh beträgt der maximale Durchmesser des Sommerhaars 0,1 Millimeter, der des Winterhaars 0,3 Millimeter (Stubbe 1997). Die berühmten Ausnahmen bilden montane oder alpine Gebirgsreviere, in denen bis heute der Winter auch beim Rehwild als natürliches Regulativ wirkt. Gleiches gilt für schneereiche Regionen in Nord- und Nordosteuropa.

Darüber hinaus gibt es zwar auch in den meist relativ milden Wintern Mitteleuropas Verluste. Diese Abgänge sind aber offenbar so gering, dass sie sich auf die Populationsdynamik nicht messbar niederschlagen. Die natürliche Sterblichkeit unter den Kitzen im Frühjahr durch Krankheiten und Witterungseinflüsse, durch Füchse, Sauen und andere Beutegreifer sowie die Mahdverluste sind fraglos um ein Vielfaches höher, als die hiesige Wintersterblichkeit. Hinzu kommen die lokal bedeutende Mortalität durch den Straßenverkehr. Eine intensive Fuchs- und Sauenbejagung, ergänzt durch die Wildunfallverhütung sowie eine Verringerung der Mahdverluste, hilft dem Rehwild im Flachland daher sicher weit mehr, als eine wie auch immer geartete Winterfütterung. Zudem schlägt man zwei Fliegen mit einer Klappe, denn zusätzlich unterstützt man zahlreiche andere Niederwildarten und Bodenbrüter. Weiterhin ist das Füttern von Schalenwild in etlichen Bundesländern außerhalb von Notzeiten grundsätzlich verboten oder lediglich in bestimmten Zeiträumen eines jeden Winters erlaubt.

Wann aber kommt es zu nennenswerten Winterverlusten beim Rehwild? Welche Rehe sind hauptsächlich betroffen? Ein Blick zurück schafft Klarheit. Die Erfahrungen der zurückliegenden Jahrzehnte aus Deutschland und anderen europäischen Staaten zeigen, dass selbst in den sogenannten Katastrophenwintern 1962/63, 1969/70 und 1978/79 die registrierten Fallwildzahlen kaum mehr als zehn bis höchstens etwa zwanzig Prozent der Jagdstrecke ausmachten und offenbar schnell kompensiert wurden. Etwas härter trifft es die nach wie vor seltenen, reinen Feldrehbestände in deckungs- und äsungsarmen Landwirtschaftssteppen.

Zu höheren Abgängen kommt es nur dann, wenn es in einem bis dato warmen Spätherbst zu einem plötzlichen Wintereinbruch kommt oder wenn starke Frostperioden in Verbindung mit hohen Schneelagen über einen längeren Zeitraum anhalten. Nach etwa vier bis fünf Wochen kommt es dann zu den ersten Verlusten im Rehwildbestand, meistens in den Spätwintermonaten (Februar/März).

Die bisherigen Forschungsarbeiten zeigen, dass ganz überwiegend Kitze oder sehr alte Rehe den heftigen Kälte- und Schneeperioden zum Opfer fallen. Eine Form der natürlichen Selektion, die durch das in der Fläche noch immer weitestgehend fehlende Großraubwild und die vielerorts praktizierte Bejagung sonst nicht mehr erfolgt oder erfolgen kann. Untersuchte winterliche Fallwildrehe zeigen fast immer deutlich geringere Fettreserven als erlegte Stücke. Hinzu kommt in vielen Fällen ein hoher Befall mit Parasiten, vornehmlich im Magen-Darm-Trakt und in der Lunge, der seinerseits bei zahlreichen Stücken als Todesursache festgestellt wurde. Gesunde und mit einem ausreichenden Feistvorrat ausgestattete Rehe überleben zumindest im Flachland auch ohne Fütterung selbst sehr kalte und schneereiche Winter.

Bei sämtlichen umfangreicheren Erhebungen der zurückliegenden Jahrzehnte fällt weiterhin auf, dass die Zahl der adulten weiblichen Stücke unter den winterlichen Fallwildverlusten mehr oder minder deutlich über der Zahl der einge-

Lange Frostperioden und dauerhaft hohe Schneelagen machen offensichtlicht auch dem Rehwild zu schaffen ...

gangenen, erwachsenen männlichen Rehe lag. Eine mögliche Erklärung ist das vielerorts zugunsten des weiblichen Rehwilds verschobene Geschlechterverhältnis und ein viel zu geringer Abschuss alter oder sehr alter Ricken.

Zur Praxis: Bei der winterlichen Jagd auf Rehwild, gilt es zunächst, sich den Energiehaushalt zu verdeutlichen. Rehe gelten als vergleichsweise stoffwechselintensive Säugetiere. Schon ihr Grundumsatz ist hoch. Der Grundumsatz bezeichnet die Energiemenge, die ein Tier – ohne Bewegung oder sonstige Anstrengungen – nur zur Aufrechterhaltung der in Ruhe ablaufenden Lebensvorgänge benötigt. Jede Form der Bewegung, jede weitere Aktivität steigert die überlebensnotwendige Energiemenge.

Wenn in einem gewissen Zeitraum oder dauerhaft mehr Energie aufgenommen als verbraucht wird, kommt es zur Anlage von „Energiespeichern“, in erster Linie von Fett, das in der Bauchhöhle (Nieren-,

... dennoch bemerken wir die Winterverluste in aller Regel nicht. Fotos: Willi Rolfes

Netz- und Darmfett), unter der Haut oder als sogenanntes Zwischenmuskelfett eingelagert wird. Dies wird beim Reh insbesondere in der Herbstfeiste deutlich. Im übertragenen Sinne sind Fettmoleküle kleine Kraftwerke. Sie beinhalten bei gleicher Menge deutlich mehr Energie als Kohlenhydrate oder Eiweiße.

Diese Vorgänge werden begleitet von Veränderungen des Verdauungsapparates. Der winterlichen Mangelsituation mit herabgesetzter Bewegungs- und Stoffwechselaktivität angepasst, verkleinert sich der Rehpansen zum Winter hin um etwa 20 Prozent wie Prof. Dr. R. R. Hofmann, ehemaliger Leiter des Institutes für Zoo- und Wildtierforschung in Berlin, nachwies.

Hinzu kommt eine Verringerung beziehungsweise Verkürzung der Pansenzotten, eine Anpassung an die langsamere Vergärung der faserreicheren und nährstoffärmeren Winteräsung. Der komplette Stoffwechsel wird zurückgefahren. Die Rehe brennen auf Sparflamme.

Prof. Dr. Walter Arnold und seine Mitarbeiter am Forschungsinstitut für Wildtierkunde und Ökologie in Wien wiesen in umfangreichen Untersuchungen am Rot- und Steinwild darüber hinaus nach, dass beide Arten durch eine Reduzierung der Pulsrate – beim Rotwild auf 40 Prozent des frühsommerlichen Höchstwertes – und ein deutliches Absenken der eigenen Körpertemperatur in den Gliedmaßen und äußeren Teilen des Rumpfes den Energieverbrauch absenken und quasi zum „wandelnden Winterschläfer" werden.

Obwohl das Rotwild im Rahmen der Wiener Untersuchungen die Möglichkeit hatte, den winterlichen Engpass durch ein unbegrenztes Angebot an Pellets auszugleichen, fraßen die Tiere im Winter nur etwa halb soviel wie im Sommer. Die vermehrte Ausscheidung der Abbauprodukte von Glucokortikoiden in der Losung zeigte weiterhin, dass das Rotwild einen erheblichen Anteil des täglichen Energiebedarfs durch den Abbau von Fettreserven deckt oder – bei entsprechender Ruhe – decken kann. Hohe Werte dieser Abbauprodukte führen zu einer Mobilisierung von Fettreserven, niedrige Werte kennzeichnen ihren Aufbau. Das jahreszeitliche Muster, dass sich beim Rotwild fand, passte exakt zur Nahrungsaufnahme. Im Winter schieden die Tiere fast doppelt so soviel Abbauprodukte dieser Hormone aus als im Sommer. Dieser regelmäßige Wechsel von Fettaufbau zu Fettabbau ist ein wesentliches Merkmal der Biologie des Rotwildes, dass sich selbst mit bester Fütterung nicht ausschalten lässt (Arnold 2009).

Ältere Daten zeigen ohne Zweifel, dass auch das Rehwild im Winter auf einen derartigen Energiesparmodus, wenn auch mit geringeren Amplituden, umschaltet. In harten Wintern „heizen" die Rehe dann ebenfalls und überwiegend mit körpereigenen Fettreserven, ergänzt durch die Energie, die über die noch zur Verfügung stehende Äsung aufgenommen wird. Rehe senken ihren Stoffwechsel und ihre Nahrungsaufnahme etwa in der Zeit von November bis März deutlich ab. Dies wiesen Versuche in Gattern mit „Futter satt" (ad libitum) nach. Ein Überangebot an Futter wird, wie beim Rotwild, demzufolge also auch in freier Wildbahn nur eingeschränkt genutzt. Unnötige Bewegungen durch stöbernde Hunde, weitere Störungen und vieles mehr schlagen im Energiehaushalt negativ zu Buche. Die Hardliner unter den Ökojägern halten dem entgegen, dass das Rehwild auch daran bestens angepasst sei. Schließlich jagen zum Beispiel Wolf und Luchs ja auch im Winter. Okay – doch waren die anthropogenen und quasi „unnatürlichen" Störungen, die sich teilweise extrem negativ auswirken können, weitaus geringer oder noch gar nicht vorhanden. Der Vergleich hinkt also.

Vor diesem Hintergrund sollten wir bemüht sein, den Rehwildabschuss spätestens bis Weihnachten erfüllt zu haben und fortan zumindest auf Bewegungsjagden gänzlich zu verzichten. Ein solches Vorgehen dient dem Rehwild und der Waldvegetation. Die bis dahin erlegten Rehe können einerseits nicht mehr zum Winterverbiss der forstlichen Nutzpflanzen beitragen, der andererseits durch zusätzlich (auch jagdlich) beunruhigte und mobilisierte Rehe, durch einen unnnötig hohen Äsungsbedarf steigt. Wir sollten also auch dem Rehwild die winterliche Ruhe gönnen und ihm im übertragenen Sinne ein „Frohes Fest" und „Guten Rutsch" wünschen.

Bei eventuell noch notwendigen Einzelabschüssen vom Ansitz aus,

Die Bergmannsche Regel

Diese biogeographische Regel besagt, dass warmblütige Tiere einer Art oder nahe Verwandte in kalten Regionen größer sind als in wärmeren Klimaten. Gleiches gilt für die Arten innerhalb einer Gattung oder Familie. Sie haben in Relation zum Körpervolumen eine relativ kleinere Körperoberfläche und damit eine geringere Wärmeabgabe. Ein einfaches Rechenexempel mag dies verdeutlichen.

Ein Würfel mit fünf Zentimetern Seitenlänge hat ein Volumen (V=a3) von 125 Kubikzentimetern und eine Oberfläche von 150 Quadratzentimetern. Ein Würfel mit dem doppelten Volumen von 250 Kubikzentimetern hat mit 238 Quadratzentimetern aber längst nicht die doppelte Oberfläche. Bei Rundkörpern verbessert sich dieses Verhältnis weiter zugunsten des Körpervolumens. Dies ist auch ein Grund dafür, dass sich schlafende Tiere bei Kälte einrollen, um der Form einer Kugel möglichst nahe zu kommen. Als Beispiele für die Bergmannsche Regel seien die Größenunterschiede zwischen Sibirischem und Europäischem Reh sowie zwischen den skandinavischen Elchen und jenen in Alaska genannt.

sollte wie stets der Grundsatz „Erst das Kitz!“ im Vordergrund stehen. Auch wenn die Kitze ernährungsmäßig längst nicht mehr direkt auf die Mutter angewiesen sind, sollten sie längstmöglich die Führung der Ricke beanspruchen können. Denn unzählige Beobachtungen auch im Winter beweisen uns, dass sich die Kitze unter der mütterlichen Führung offenbar am sichersten und wohlsten fühlen. Die Tatsache, dass einige Kitze in dieser Zeit bereits tageweise allein stehen oder ziehen, sich mitunter gar adulten Böcken vorübergehend anschließen, sollte nicht als Legitimation des Abschusses führender Ricken genutzt werden. Auch die unbestrittene Notwendigkeit eines zahlenmäßig entsprechend hohen Rickenabschusses steht dem nicht entgegen. Denn der ist auch auf anderem Wege und deutlich früher

zu erreichen. Grundsätzlich sollten wir bemüht sein, wann und wo immer möglich, komplette Mutterfamilien zu erlegen. Sollte eine führende Ricke zur Strecke kommen, gilt es das oder die Kitze ebenfalls zu erlegen. Gelingt dies nicht, können wir zumindest im Flachland zwar mit an Sicherheit grenzender Wahrscheinlichkeit davon ausgehen, dass das Kitz den Winter überlebt. Doch sollte auch diese Tatsache nicht als Legitimation eines hemmungslosen Rickenabschusses oder als bequeme Gewissensberuhigung eingesetzt werden. Denn wie bereits beschrieben, folgen Rehkitze sicher nicht ohne Grund bis in den späten Frühling hinein der Führung ihrer Mutter.

Trotz angepasster Winterstrategien der Rehe sollten wir Störungen, auch mit jagdlichem Hintergrund, soweit wie möglich vermeiden. Foto: Willi Rolfes

Alte Bekannte – können wir Böcke sicher wiedererkennen?

Da ist er ja – der Sechser aus dem Vorjahr! Immer wieder nimmt das Fernglas vor allem das Gehörn in den Focus. Das muss er doch sein, hier in seinem angestammten Territorium. Oder doch nicht? Leise Zweifel kommen auf. Eigentlich müsste er doch noch einmal zugelegt haben … Hat er aber nicht. Ist es vielleicht doch der Nachbar oder gar ein völlig unbekannter Bock?

Wer kennt sie nicht, die alljährlich wiederkehrende Zeit in der es gilt, Rehböcke zu bestätigen. Die Tage werden spürbar wärmer und es zieht uns raus ins Revier. Schließlich soll schon vor Beginn der Jagdzeit am 1. Mai ein möglichst präzises Bockkataster erstellt werden. Denn noch immer gehört es vielerorts zum vermeintlichen Renommee eines jeden „anständigen" Jägers, dass er seine Rehböcke quasi beim Namen kennt.

Doch was macht viele Jäger so sicher, tatsächlich den einen oder anderen Bock ohne jeden Zweifel wiederzuerkennen? Mögliche Merkmale gibt es viele, doch sind sie zur zweifelsfreien Ansprache wirklich geeignet?

Die Gehörnform und -stärke

Die allermeisten unserer Zunftgenossen orientieren sich zunächst an der Gehörnform, der Stärke sowie der Form der Vereckung.

Was in aller Regel über die Lebensjahre hinweg bestehen bleibt – weil offenbar genetisch fixiert – ist die „Form" der Gehörne. Diese Formen werden in sämtlichen Rehwild-Monographien und Jägerlehrbüchern in mehr oder minder großer Zahl beschrieben. Als Beispiele seien an dieser Stelle die gerade parallele, gerade ausgelegte, Korb-, Lyra-, und geschnürte Form genannt. So wird ein Rehbock, der beispielsweise im Alter von zwei Jahren ein Gablergehörn schiebt, bei eben diesem bereits eine geschnürte Form zeigen wie später als Sechser. Sofern er jemals Sechser wird.

Denn diese Konstanz ist bei der Stärke und Vereckung durchaus nicht immer gegeben. Zahlreiche Arbeiten mit bereits als Bockkitz oder später markierten Böcken zeigen, dass die Entwicklung des Gehörns keiner starren Regelmäßigkeit oder einem immer wiederkehrenden Schema unterliegt – auch, wenn dies von vielen Jägern in Unkenntnis oder unter hartnäckigem Ignorieren dieser Ergebnisse immer wieder behauptet wird. Vielfach ist dabei der Wunsch der Vater des Gedankens.

Wie alt diese Erkenntnisse tatsächlich schon sind, mag eine Arbeit von Voormann aus dem Jahr 1939 verdeutlichen, in der zehn Bockkitze an den Lauschern ein- oder beidseitig markiert wurden. Ein weiteres war als Teilalbino auch ohne Markierung stets wiederzuerkennen. Vier(!) dieser Böcke schoben zwischenzeitlich ein Spießergehörn unterschiedlicher Stärke, nachdem sie im Jahr zuvor und drei von ihnen auch danach ein Sechsergehörn trugen. Drei von ihnen waren zu diesem Zeitpunkt fünf, einer drei Jahre alt.

Ein Bock blieb vermutlich bis zu seiner Erlegung (siebenjährig) immer ein Spießer, auch wenn er als zwei- und fünfjähriger Bock nicht beobachtet werden konnte. Ein weiterer zeigte sich zwei- und dreijährig als sehr schwacher ungerader Gabler, schob aber dann vierjährig ein Sechsergehörn und wurde fünfjährig wiederum als ungerader Gabler erlegt.

Es ist daher ein Irrglaube, dass Rehböcke bis zum Kulminationspunkt ihrer Gehörnentwicklung an Stangenmasse und -länge zulegen und im Anschluss zurücksetzen. Vor allem Gabler werden hinsichtlich ihres Alters häufig unterschätzt. Habermehl et al. (1973) ließen in einem Großversuch im schweizerischen Kanton Graubünden alle erreichbaren Gabler (n = 346) wahllos erlegen. Die Ergebnisse dürften auch heute noch den einen oder anderen „modernen" Jäger erstaunen: 30 Prozent waren ein- bis zweijährig, 66 Prozent (!) drei- bis sechsjährig und vier Prozent älter als sechs Jahre.

Allein schon vor dem Hintergrund dieser und weiterer, vergleichbarer Ergebnisse kann das scheinbar „mysteriöse Verschwinden" vermeintlich gut bekannter Böcke hinreichend erklärt werden. Einerseits können sie im Jahr des zwischenzeitlichen Zurücksetzens erlegt worden sein, andererseits wurden sie zumindest zeitweise, vielleicht aber auch dauerhaft einfach nicht wieder erkannt.

Fazit: Die Rehböcke in heimischen Revieren schieben regelmäßig bereits im Alter von vier Jahren ihr stärkstes Gehörn. Einige bereits ein Jahr zuvor, andere wiederum etwas später. Doch beschreibt der Weg bis zum Erreichen des Kulminationspunktes und danach durchaus nicht die Form einer Gaußschen Normalverteilung oder Glockenkurve.

Wichtig ist es, auf die Rosenstöcke zu achten, die mit zunehmendem Alter zwar massiver aber mit jedem Abwurf kürzer werden. Ein von Ihnen bestätigter Rehbock mit kaum noch erkennbaren Rosenstöcken wird in der Blattzeit oder im nächsten Jahr niemals deutlich sichtbare Rosenstöcke haben! Egal wie ähnlich das Gehörn an sich erscheinen mag.

Die Gehörnfarbe

Nach heutigem Kenntnisstand wird die Farbe des Gehörns durch das Eindringen von Pflanzen- und Rindensäften sowie von Humusstoffen in die Poren der Geweihstangen verursacht. Mit hoher Wahrscheinlichkeit sind auch die bräunlichen Ausscheidungen des Stirnorgans daran beteiligt.

Doch wird die Farbe in erster Linie von den jeweils gefegten Holzarten sowie der individuell unterschiedlichen Porosität der Stangenoberfläche beeinflusst. Sehr poröse Stangen können mehr Farbstoffe aufnehmen und werden deshalb regelmäßig dunkler. Sehr helle Gehörne dagegen sind, abgesehen von den gefegten Holzarten, auf eine sehr dichte und geschlossene Stangenoberfläche zurückzuführen. Dies ist der Grund dafür, dass auch Rehböcke aus ein und demselben Lebensraum durchaus sehr unterschiedlich gefärbte Gehörne tragen können.

Hinzu kommt, dass die Porosität der Stangenoberfläche mit zunehmender Zeit und Fege- oder Schlagaktivität zurückgeht. Die Oberfläche wird quasi „geglättet" und die ent-

Bei Rehböcken mit marschierenden Stangen haben wir gute Chancen, die Tiere wieder zu erkennen. Gabler werden hinsichtlich ihres Alters aber oft unterschätzt. Foto: Willi Rolfes

sprechenden Farbstoffe können nicht mehr eindringen. Dies wiederum bedingt, dass ein Rehbock bei seiner ersten Beobachtung beispielsweise im April oder Mai ein noch deutlich helleres Gehörn tragen kann als im Juli oder August. Das von einigen Autoren beschriebene, spätere „Hellerwerden" der Gehörne durch den Einfluss von Licht, Luft und Niederschlägen sowie der nach der Brunft deutlich zurückgehenden Fegeaktivität trifft also, wenn überhaupt, nur in sehr geringem Umfang zu.

Fazit: Sofern Rehböcke ihre Einstände oder besser Territorien nicht oder zumindest nicht weiträumig verlegen – was nur sehr selten der Fall ist – wird sich die Gehörnfarbe in den einzelnen Zeitsegmenten nur unwesentlich verändern. Doch prägen wir uns in der Praxis letztlich nur besonders helle oder sehr dunkle, fast schwarze Gehörne ein. Bei sämtlichen Zwischentönen dagegen, also bei der großen Mehrzahl aller Rehböcke, eignet sich die Gehörnfarbe nicht als Wiedererkennungsmerkmal.

Die Maske oder das Gesicht

Die Gesichtsfärbung der Rehböcke wird regelmäßig mit mehr oder minder großem Erfolg zur Altersschätzung genutzt. Doch hat sie auch einen individuellen Wiedererkennungswert über die Jahre hinweg oder eben in ein und demselben Jahr? Allein die Tatsache, dass die Maske in Verbindung mit anderen Faktoren zur Altersschätzung eingesetzt wird, zeigt, dass sie als mehrjähriges Wiedererkennungsmerkmal nicht geeignet ist. Doch selbst innerhalb einer Jagdsaison verändert sich die Gesichtsfarbe. Einerseits durch die alljährlichen Frühjahrs- und Herbsthaarwechsel, andererseits durch die Sonneneinstrahlung. Die vermehrte Sonneneinstrahlung sorgt dafür, dass die Haarpigmente oxidieren und heller werden. Darüber hinaus verändern frei werdende Radikale die Haarstruktur. Dennoch gehen diese Prozesse nicht so weit wie bei uns Menschen. Ein Rehbock mit deutlicher „Brille“ wird dieses auffallende Merkmal weitgehend behalten, wenn auch im Spätsommer etwas abgeschwächt.

Besondere Vorsicht ist allerdings gerade im Spätsommer geboten. Da der Haarwechsel bekanntlich am Haupt und Träger beginnt, wird das Gesicht einiger Rehböcke bereits ab Ende August deutlich grauer, was eventuell zu Irritationen führen kann.

Fazit: Eine wirklich prägnante „Maske“ kann innerhalb einer Jagdsaison als gutes Wiedererkennungsmerkmal dienen. Doch Achtung: Die Gesichtsfärbung wird von uns bei unterschiedlichen Licht- und Wetterverhältnissen (Regen) ebenso unterschiedlich wahrgenommen! Die helleren Partien zum Beispiel werden bei schwindendem Büchsenlicht besser wahrgenommen als bei Tageslicht oder gar voller Sonneneinstrahlung.

Das übrige Haarkleid

Jeder Jäger weiß, dass Rehe im Sommerhaar, individuell unterschiedlich, insgesamt eher hellrot, fahlgelb, dunkelrot oder braunrot gefärbt sind. Zwar bleicht auch die Körperdecke mit der Zeit etwas aus, doch bleiben zumindest die zuvor deutlich sichtbaren Unterschiede erhalten. Ebenso wird der im Winterhaar weiß leuchtende Spiegel von jedem Rehbock unterschiedlich weit umgefärbt. Bei einigen Böcken bleibt ein hellgelblicher nierenförmiger Kranz erhalten, bei anderen wiederum nimmt der komplette Spiegel die Farbe der übrigen Decke an.

Fazit: Die Deckenfarbe an sich und der Spiegel können das Gesamtbild der Einschätzung treffend abrunden. Ein Faktor, der oft unterschätzt oder schlichtweg nicht beachtet wird. Schwarze Rehböcke oder gar Schecken und andere dauerhafte Farbabweichungen werden ohnehin problemlos identifiziert.

Da der Haarwechsel bekanntlich am Haupt und Träger beginnt, wird das Gesicht einiger Böcke bereits ab Ende August deutlich grauer, was zu Irritationen führen kann. Foto: Willi Rolfes

Körpermasse und Erscheinung

Zwar kann man sich bei der Einschätzung des absoluten Gewichtes von Rehen vortrefflich verschätzen, doch verschieben sich die Körperproportionen mit zunehmendem Alter recht deutlich. Zwar kann das Wildbretgewicht durch bestimmte Faktoren auch bei älteren Böcken im Jahreslauf sowie von Jahr zu Jahr schwanken. Ein Rehbock mit massigem Körper, deutlichem Vorschlag und massivem Träger wird jedoch im Spätsommer, geschweige denn im nächsten Jahr nicht plötzlich im überraschend jugendlichen „Outfit“ daherkommen.

Fazit: Beißen Sie sich bitte nicht über die Maßen am Gehörn fest! Andere Merkmale sollten nicht vernachlässigt werden.

Das Territorium

Rehe allgemein gelten zu recht als außerordentlich standortreu. Dies gilt zunächst auch für die Bockterritorien in der Zeit von etwa Anfang Mai bis Ende August. Die durchschnittliche Territoriumsgröße schwankt dabei zwischen etwa fünf und 35 Hektar.

Wesentlichen Einfluss darauf nehmen die Lebensraumausstattung und die Wilddichte. Größere Abweichungen nach oben ergeben sich im Schrifttum regelmäßig offenbar aus Verwechslungen oder Fehldeutungen der Begriffe Aktionsraum und Territorium (s. S. 28). Dennoch erscheinen die Grenzen der tatsächlichen Territorien über Jahre hinweg entgegen früherer Ansichten nicht wie in Stein gemeißelt. Einerseits kommt es durchaus zu Überschneidungen, andererseits zu kleinen Erweiterungen bishin zu partiellen oder gänzlichen Übernahmen. So ist es durchaus nicht selten, dass ein Territorium beim Ableben des „Platzbockes“ nicht einfach in Gänze von einem nachrückenden jüngeren, bis dato nicht territorialen Bock beansprucht, sondern auch teilweise oder ganz von einem Nachbarn übernommen oder unter diesen aufgeteilt wird. Dabei müssen wir stets auch die nicht jagdbedingte Mortalität der Rehböcke bedenken.

Hinzu kommt, dass uns die tatsächlichen Territoriumsgrenzen oft nicht hinreichend bekannt sind und selbst sichtmarkierte und territoriale Rehböcke über lange Zeiträume hinweg quasi verschollen bleiben, vielleicht gar nicht wieder auftauchen.

Ich erinnere mich in diesem Zusammenhang an einen Rehbock, den ich 1992 im Forstrevier Radbruch erlegte. Diesen markanten fünfjährigen Bock mit einer nach links unten abgeknickten linken Gehörnstange hatte ich zum Anfang der Bockjagd des besagten Jahres gemeinsam mit einem Schmalreh nur ein einziges Mal gesehen. Fortan blieb er verschwunden. Erst zur Blattzeit sah ich ihn treibend wieder und konnte ihn zur Strecke bringen.

Desweiteren beobachtete Ellenberg (1974) Rehböcke, die Zeit ihres Lebens nicht territorial waren. Diese von ihm als „Pazifisten“ bezeichneten Böcke setzen offenbar auf eine andere Fortpflanzungsstrategie und tauchen quasi als Grenzgänger mal in diesem, mal in jenem Territorium ihrer Aktionsräume auf.

Fazit: Sofern Sie einen offensichtlich territorialen Rehbock bestätigen, wird er in diesem Jahr sein Territorium, vielleicht mit Ausnahme der zweiten Hälfte der Blattzeit, auch weitgehend beibehalten. Dies schließt aber nicht aus, dass in diesem Revierausschnitt nicht auch andere, durchaus gleichstarke oder stärkere Böcke in Anblick kommen können. Ebenso kann der vermeintlich gut bekannte „Sechser vom Rehberg“ bereits im nächsten Jahr ein völlig anderer Bock sein, während der alte Bekannte in der Zwischenzeit auf nicht jagdlichem Wege das Zeitliche gesegnet hat.

Es gibt unter Rehböcken regelrechte Raufbolde, die wir an ihrem Verhalten wiedererkennen können. Auch dieser Bock ließ nie einen Zweifel daran entstehen, sein Territorium mit allen Mitteln zu verteidigen. Foto: Willi Rolfes

Abnormitäten

Das sicherste Merkmal zum Wiedererkennen von Rehböcken sind neben Markierungen zweifelsohne abnorme Gehörne oder prägnante andere Auffälligkeiten wie zum

Beispiel Farbabweichungen (s. o.) oder eingerissene Lauscher. Bei den Gehörnabnormitäten gilt es unter anderen (Korkenzieher etc.) zwischen Böcken mit Bastverletzungen und solchen mit Rosenstockbrüchen zu unterscheiden. Denn während Erstere im nächsten Jahr gänzlich „normale" Gehörne schieben, bleibt bei Rosenstockbrüchen das Gehörn im Regelfall lebenslang mehr oder minder abnorm. Das Ausmaß der Abnormität hängt dann davon ab, wie der gebrochene Rosenstock wieder zusammenwächst.

Doch gelten abnorme Gehörne bei vielen Jägern als besonders begehrte Trophäen, weshalb derartige Rehböcke im Normalfall „nicht sehr alt werden".

Fazit: Gehörnabnormitäten sind mindestens für ein Jahr ein absolut verlässliches Wiedererkennungsmerkmal. Über mehrere Jahre hinweg sind sie als solches in der Praxis jedoch unbedeutend. Andere Auffälligkeiten sollte man sich genau einprägen und notieren.

Überhaupt sollte derjenige, der darauf aus ist, Böcke über eine Jagdsaison, bis zum Ende der Blattzeit oder gar über mehrere Jahre hinweg zu begleiten, sehr genau beobachten und seine Beobachtungen schriftlich festhalten. Auch vorgedruckte Gehörnskizzenblätter können dabei gute Dienste tun. Zu diesem Zwecke empfehle ich unbedingt den Einsatz eines Spektivs! Viele einprägsame Merkmale, zum Beispiel Narben, werden dadurch erst sichtbar. Ein normales Fernglas reicht dazu nicht aus. Und wie bei der Altersansprache sollte man stets versuchen, sich mehrere Faktoren oder Auffälligkeiten – auch im Verhalten – einzuprägen.

Insgesamt ist es jedoch sehr schwierig, die allermeisten Rehböcke zumindest über mehrere Jahre hinweg absolut sicher wiederzuerkennen. Die oben geschilderten Zusammenhänge belegen dies. Ausnahmen bestätigen wie immer die Regel. Für gänzlich ausgeschlossen halte ich solches Ansinnen beim Sprung vom Jährling zum zweijährigen Bock, sofern über das Gehörn hinaus keine anderen deutlich sichtbaren und irreversiblen Besonderheiten sichtbar sind. Niemand weiß ohne Sichtmarkierung oder Telemetrie, wie sich ein Jährling entwickelt oder wo er letztlich seinen Gesamt-Aktionsraum oder, wenn überhaupt, dann sein späteres Territorium sucht.

So war und bin auch ich mir in den allermeisten Fällen nicht sicher, ob es tatsächlich der und der Rehbock war, den ich letztlich erlegte. Zumindest nicht, wenn ein oder gar mehrere Jahre zwischen den Beobachtungen lagen oder liegen. Zu unterschiedlich war die Entwicklung von mir selbst als Kitz markierten Böcken oder jene von Böcken aus anderen mir unmittelbar bekannten oder vielen publizierten Projekten. Bei all diesen Betrachtungen sollten wir nicht vergessen, dass ein Jahr bekanntlich 8760 Stunden hat. Setzt man einmal voraus, dass ein „deutscher Durchschnittsjäger" 100 mal im Jahr für etwa drei Stunden im selben Revier zur Jagd oder Beobachtung geht, was die meisten von uns bei weitem nicht erreichen (!), ergibt das 300 Stunden oder gerade einmal 3,4 Prozent der Gesamtzeit. Hinzu kommt, dass er in diesem kleinen Zeitfenster jeweils nur einen arg begrenzten Raum überblickt!

Was darüber hinaus im Revier passiert, entzieht sich unserer Kenntnis. Wie viele Rehe verenden ohne unser jagdliches Zutun? Sei es zum Beispiel durch nicht gemeldete Verkehrsunfälle, andere Verletzungen oder Krankheiten.

Die Hintergründe abnormer Geweihbildungen sind vielschichtig. Je nach Ursache sind derartige Böcke für ein oder mehrere Jahre gut wieder zu erkennen. Sofern sie die erste Begegnung überleben.
Foto: Andreas David

Darum mein abschließender Tipp: Erlegen Sie im Rahmen der rechtlichen Vorgaben jeweils die Rehböcke, die Ihnen Freude machen – egal wie alt oder jung sie sind. Und wenn es denn tatsächlich der „Ersehnte" aus dem Vorjahr und bis dato für zu jung befundene Rehbock war, ist es gut, und wenn nicht, macht es auch nichts aus …

Die üblichen Verdächtigen – zur Jagd auf weibliches Rehwild und Kitze

Besonders in Diskussionen und Gesprächen über die Jagd auf weibliches Rehwild und Kitze ist man immer wieder erstaunt, wie viele Rehe vielen unserer Zunftgenossen individuell bekannt sind. Oder vielleicht doch nicht? Denn auch hier hat offenbar ein jeder seine eigene Wahrheit.

Alljährlich um den 1. September beginnen die offenbar nie enden wollenden Diskussionen, Beratungstelefonate und Stammtischgespräche von Neuem. Es geht dabei um die Bejagung der weiblichen Rehe sowie der zugehörigen Kitze. Im Focus steht dabei immer wieder die Frage, welche Ricken und Kitze – abgesehen von den offensichtlich kranken und schwachen – denn nun erlegt werden sollten, um das „angestrebte Hegeziel" zu erreichen. Und immer wieder höre ich dann zum Beispiel von Ricken, die nun schon im dritten Jahr hintereinander nur ein Kitz führen und deshalb endgültig (samt Kitz) dem Abschuss anheim fallen sollen und weiteren abenteuerlichen Ansätzen.

Nun liegt es offenbar in der Natur des Menschen begründet, mit zahlreichen Dingen besser umgehen zu können, wenn sie ihm vertraut sind. Hinzu kommt hier und dort sicher auch die Meinung, ein besserer Jäger zu sein oder als solcher zu gelten, wenn man „sein Wild" quasi beim Vornamen nennt. Selbst dann, wenn man es vielleicht nie zuvor gesehen hat …

Ich habe das große Glück, im Revier zu wohnen. So gibt fast täglich allein schon der eine oder andere Spaziergang (Der Hund muss raus!) über Direktbeobachtungen und Fährten einen groben Überblick über das, was sich dort draußen bewegt. Hinzu kommt die praktische Jagdausübung. Und zumindest im Winter äugen die Rehe ein ums andere Mal aus nur wenigen Metern Entfernung ins Wohnzimmer- oder Küchenfenster. Dennoch bin ich weit davon entfernt, mit allen bestens bekannt auf Du und Du zu sein. Zu flüchtig sind häufig die Beobachtungen und zu vage die in aller Schnelle erfassten individuellen Merkmale, die sich uns nur in seltenen Ausnahmefällen offenbaren – sofern überhaupt vorhanden.

Und gerade bei der Bejagung des weiblichen Rehwildes wird deutlich, wie subjektiv unsere (jagdliche) Wahrnehmung ist. Spiegelt sie letztlich doch nur Momentaufnahmen wieder, die sich schon eine Stunde später oder an einem anderen Tag gänzlich anders darstellen können. Dabei sollte sich jeder unserer Zunft stets erneut vor Augen führen, wie verschwindend gering die Zeit insgesamt ist, die wir beobachtend im Revier verbringen. Denn das, was darüber hinaus in vielen tausend Stunden im Revier stattfindet, entzieht sich schlichtweg unserer Wahrnehmung. Die individuelle Kenntnis verschiedener Wildtiere – sofern ohne Gehörn oder Geweih – basiert deshalb regelmäßig eher auf einem Wunschdenken, denn auf Tatsachen.

An guten Tagen kann ich auf den beliebtesten Äsungsflächen im Revier zeitgleich etwa 15 Rehe zählen. Manchmal aber auch nur zwei bis drei und mitunter will auch gar keines die schützende Deckung verlassen. Wenn man aber weiß, dass auf bestimmten Flächen mitunter drei oder gar mehr Ricken mit ihrem Nachwuchs zeitgleich erscheinen, ist es umso interessanter, den Schilderungen von Jadgästen zu folgen, die nur einmal pro Woche oder noch seltener ebendort ansitzen. Schon beim zweiten Ansitz – der wohlgemerkt vielleicht erst nach 14 Tagen erfolgt – wird dann ganz selbstverständlich wieder DIE Ricke mit ihrem Bockkitz beobachtet. Nicht irgendeine Ricke, nein, es war wieder genau DIE Ricke! Und besonders spannend wird es immer dann, wenn DIE Ricke nicht wie noch vor zwei Wochen nur eins sondern nun doch zwei Kitze führt …

Im Laufe der Jahre habe ich an diversen Markierungsaktionen (Ohrmarken) in verschiedenen Revieren teilgenommen. Es ist erstaunlich, dann festzustellen, wie selbst für Revierinhaber, die fast täglich draußen sind, aus „alten Bekannten" plötzlich „nie gesehene Fremde" werden. Dies trifft in fast reinen Waldrevieren oder anderweitig überdurchschnittlich deckungsreichen Jagdbezirken im besonderen Maße zu.

Desweiteren: Wenn eine Geiß im September oder Oktober „nur" ein Kitz führt, bedeutet dass ja beileibe nicht, dass sie im Frühjahr auch nur ein Kitz gesetzt hat. Denn Krankheiten, Füchse und Sauen, Kreiselmäher, Straßenverkehr oder was auch immer können ein, vielleicht gar zwei Geschwister frühzeitig und ohne unsere Kenntnis dahingerafft haben.

Vor diesem Hintergrund wurde auch schon manche Ricke im besten Alter vorschnell zur sogenannten Geltgeiß erklärt. Wir tun also gut daran, unsere Beobachtungen als Momentaufnahmen zu bewerten und nicht zum non plus ultra zu erklären. Denn wie bereits erwähnt: Das allermeiste, was in unseren Revieren passiert, können wir gar nicht beobachten!

Wer sich Wildkameras bedient, wird zahlreiche Überraschungen erleben. Sie lichten nur einen äußerst kleinen Ausschnitt des Reviers ab, tun dies aber verlässlich und über Wochen hinweg. Mal tauchte DIE Ricke mit zwei Kitzen auf, dann DIE Ricke mit nur einem Kitz. Ein schwarzes Reh erschien im Zeitraum von drei Monaten nur zweimal vor der Linse. Foto: Peter Burkardt

Stubbe et al. (1986) ermittelten bei ihren umfangreichen Arbeiten zum Populationsumsatz bei Rehen im Hakel eine Kitzmortalität von zehn Prozent allein in den ersten 14 Lebenstagen. Strandgaard (1972) wies an einem nicht bejagten Rehwildbestand in Dänemark (Kalö) nach, dass der Kitzanteil an der Gesamtpopulation im Herbst innerhalb von drei Jahren zwischen 41, 35 und 18 Prozent schwankte. Wotschikowsky (1994) zeigte bei seinen Forschungen im Alpenrevier Hahnebaum, dass im Durchschnitt von neun Jahren nur etwa ein Drittel (!) aller Kitze den Sommer überlebt. Dies allerdings vor dem Hintergrund, dass sich die Geißen dort zur Setzzeit in einer sehr schlechten körperlichen Verfassung befinden. Stubbe (1997) fasst alle bis dahin vorliegenden Forschungsarbeiten zum Populationsumsatz bei Rehen hinsichtlich der Kitze wie folgt zusammen: *„Bis zum Alter von acht Monaten tritt – abhängig von der Populationsdynamik und den Umweltverhältnissen – eine Mortalität von 30 bis 50 Prozent aller Kitze ein, die durch eine normale Bejagung nur unbedeutend beeinflusst wird."*

In diesen Kontext passen eigene Auswertungen von Abschüssen kompletter Familienverbände (Ricke mit Kitz oder Kitzen) in verschiedenen Revieren, bei denen sich revierbezogen kein signifikanter Gewichtsunterschied zwischen den nur ein Kitz führenden Geißen und jenen die zwei Kitze führten herausstellte. Wie auch? Obwohl ja gemeinhin noch immer davon ausgegangen wird, dass in bester Kondition befindliche Ricken mehr Kitze „durchbringen" als die etwas schwächeren

Geißen. Davon abgesehen tue zumindest ich mich ehrlich gesagt immer noch sehr schwer – ohne einen direkten Vergleich – einen Gewichtsunterschied von zwei bis drei Kilogramm am lebenden Stück auszumachen.

Weiterhin müssen wir im Rahmen dieser Thematik berücksichtigen,

Wo schwarzes Rehwild vorkommt, bietet es uns unter Umständen die Chance, einzelne Stücke wieder zu erkennen sowie deren Verhalten verfolgen zu können. Doch selbst dann staunt der Jäger gelegentlich, wenn DIE Ricke auf einmal eine bis dato unbekannte Zwillingsschwester hat. Foto: Willi Rolfes

dass sich die ohnehin weit überlappenden Streifgebiete der Geißen im Herbst und Winter vergrößern. Bereits im September und Oktober wird das Angebot an guter Äsung und Deckung geringer und beschränkt sich in der Folgezeit in vielen Jagdbezirken, vor allem in Feld- und Mischrevieren, auf einige wenige Lebensraumausschnitte. Dort kommt es dann zu Ansammlungen von Mutterfamilien, Sprüngen und Einzelstücken.

Deshalb taucht DIE Ricke dann plötzlich in zwei-, drei- oder gar vierfacher Ausfertigung auf. Im Frühling und Sommer dagegen ist regelmäßig ein besseres Angebot an geeigneter Äsung und Deckung auf kleiner Fläche gegeben. Die Streifgebiete der Ricken samt Nachwuchs sowie jene der Schmalrehe sind in dieser Zeit deshalb kleiner.

Vor diesem Hintergrund beantworte ich die alljährlich wiederkehrenden Fragen, welche weiblichen Rehe denn nun erlegt werden sollten, durchweg mit der Aussage: *„Egal, von offensichtlich kranken und schwachen selbstverständlich abge-*

sehen." Gleiches gilt aus meiner Sicht auch für die Kitze. Ist doch der Einfluss, den wir auf die Rehwildpopulationen im Rahmen eines normalen Jagdbetriebs nehmen können letztlich verschwindend gering – wenn überhaupt vorhanden. Von der zahlenmäßig absoluten Höhe der Bestände und einer intensiven Fütterung einmal abgesehen.

Dazu passt ein Zitat des inzwischen leider verstorbenen Harzer Rotwildexperten Kurt Reulecke: *„Auch beim Kälberabschuss erlegen wir potenzielle Kronenhirsche, ohne dadurch qualitative Einbußen bei den Erntehirschen bemerkt zu haben"*

Doch auch da hat sicher ein jeder seine eigene Wahrheit. Und das ist auch gut so! Doch sollten wir endlich damit aufhören, in einige wenige Beobachtungen Dinge hineinzudeuten, die schlichtweg nicht haltbar sind. Nur, weil es uns gerade in den Kram passt oder weil wir es gern so hätten.

Ebenso verhält es sich übrigens mit so mancher Erlegungsgeschichte, interessanterweise auch mit solchen, die quasi unter Zeugen im Rahmen von Gesellschaftsjagden stattfanden. So wird die eine oder andere und völlig unspektakuläre Erlegung mit jeder Erzählung immer mehr zu einem äußerst spannenden Jagderlebnis unter Aufbringung gehobenen jagdlichen Könnens. Das vor dem Standnachbarn direkt im Altholz verhoffende und bretterbreit stehende Schmalreh schlängelte sich im Verlaufe des abendlichen Schüsseltreibens und noch Monate später dann urplötzlich und kaum wahrnehmbar durch ein imaginäres Stangenholz. Mal war nur der Spiegel sichtbar, mal nur Haupt und Träger. Letztlich aber konnte es doch noch durch einen meisterhaften Schuss auf weite Distanz kurz vor dem endgültigen Verschwinden in der angrenzenden Dickung höchst brilliant zur Strecke gebracht werden.

Doch wie nun schon mehrfach erwähnt: Jeder hat eben seine eigene Wahrheit. Auch oder besonders auf der Jagd.

Ein Blick zurück

Vollschonung für Ricken!

Dass der Werdegang der Rehwildpopulationen in Deutschland nicht immer eine Erfolgsgeschichte war, zeigt unter anderem ein Beitrag von Dr. Michael Petrak (2003) in Band 2 der Publikation „Wald in Nordrhein Westfalen". In der ursprünglichen Waldlandschaft waren Rehe zunächst eher selten. Mit den in der Jungsteinzeit beginnenden Auflichtungen haben sich die Lebensraumverhältnisse jedoch im Sinne des Rehwildes ständig verbessert. Der Jagddruck war gering, da die damaligen Jäger sich wegen des höheren Fleischertrages an den größeren Arten orientierten. Die Bestände stiegen zunächst an.

Mit der zunehmenden Nutzung der Landschaft durch den Menschen (z. B. intensive Waldweide mit hohen Haustierdichten) sowie vor allem in der Zeit des Absolutismus mit extrem hohen Dichten von Rot- und Schwarzwild als Äsungskonkurrenten und Fressfeinde (Sauen) gingen die Rehwildpopulationen später aber drastisch zurück.

Insofern waren die geringen Rehwildbestände früherer Jahrhunderte nicht allein Ursache eines höheren Drucks durch Raubwild, zumal vor allem dem Wolf zum Schutz der weidenden Haustiere damals mit allen zur Verfügung stehenden Mitteln nachgestellt wurde.

Hinzu gesellte sich nach und nach eine intensive Bejagung. Die große Armut der Bevölkerung sowie das geringe Interesse des Adels und die Anwendung aus heutiger Sicht nicht tierschutzgerechter Jagdmethoden – vor allem die Hetzjagd mit großen Hunden – waren wesentliche Ursachen für die Verminderung und gebietsweise Ausrottung des Rehwildes in den zugänglichen Bereichen. So waren zum Beispiel die westlichen Teile des Münsterlandes bis in die zweite Hälfte des 19. Jahrhunderts weitgehend rehwildfrei. Obwohl dort noch im 16. Jahrhundert nachweislich ein nennenswerter Rehwildbestand vorhanden war.

Wie selten das Rehwild dereinst war, zeigt auch die Tatsache, dass der 1734 von König Friedrich Wilhelm I. angeordnete Abschuss des Rot- und Schwarzwildes das Rehwild als schonenswert (!) ausdrücklich ausschloss. Bemerkenswert scheint in diesem Zusammenhang auch das im Jahre 1784 unter Friedrich Wilhelm II. ergangene „Publikandum wegen des Schonens des Rehwildprets und besonders der Rücken". Darin wurde verordnet, dass im Winter bei Eis und Schnee keine Hunde geschnallt und Rehe gehetzt werden dürfen, Ricken grundsätzlich geschont sind und geschossene Rehböcke niemals zerwirkt, sondern mit Gehörn abzuliefern sind, um prüfen zu können, ob ein Bock oder eine Ricke erlegt wurde.

Der körperliche Nachweis wurde seinerzeit also zum Schutz der Rehe installiert! Heute entspringen die Forderungen nach einem derartigen Kontrollwerkzeug vor dem Hintergrund waldbaulicher Ziele und der daran gekoppelten Frage, ob tatsächlich ausreichend viele Rehe zur Strecke kommen. So ändern sich die Zeiten.

Chancen nutzen! Vorteile der frühzeitigen Abschusserfüllung

Jagen Sie gern unter Druck? Nein? Ich auch nicht. Trotzdem warten gar nicht wenige Jäger mit dem Abschuss weiblichen Rehwildes und der Bockkitze bis zum Spätherbst und Winter, um dann mit fliegenden Rockschößen kurz vor Toresschluss noch Strecke zu machen. Dabei bringt uns ein zeitiger Jagdbeginn zwar viele Vorteile, aber keine nennenswerten Nachteile.

Wir schreiben den 1. September. Je nachdem, ob man den kalendarischen oder meteorologischen Jahreslauf wählt, befinden wir uns im Spätsommer oder Frühherbst. Egal – es ist eine herrliche Jahreszeit. Die Tage sind noch lang und warm, die Aktivität des Rehwildes und damit seine Sichtbarkeit steigt wieder an, die Chancen Strecke zu machen ebenfalls. Und: Über das weibliche Rehwild und Bockkitze hinaus dürfen bis zum 15. Oktober auch noch Rehböcke quasi in der Spätlese erlegt werden. Die volle Pallette also.

Dennoch sind mir viele Reviere bekannt, in denen die Jagd auf Rehwild im September völlig ruht. Häufig und ausgerechnet in vergleichsweise strukturarmen Feldrevieren. Gerade dort aber sollten diese Chancen konsequent genutzt werden. Denn: Vielleicht kommen sie nicht wieder! Das rasch wechselnde Lebensraumangebot vieler Feldreviere, weitgehend bis restlos ausgeräumte Agrarsteppen, lässt spätestens (!) nach der Maisernte die Aussicht auf jagdlichen Erfolg deutlich schrumpfen. Ein Altgras-Streifen, ein unbehandelter Rain oder der Aufwuchs unter den Strommasten bilden dann häufig die höchsten Vegetationseinheiten. Als Rehwild-Deckung sind diese Strukturen jedoch nicht geeignet.

Und bis zum Auflaufen des Wintergetreides tendiert auch das Äsungs-

Genau so sieht es in vielen deutschen Revieren nach der Maisernte aus. Das Rehwild macht sich zwangsläufig rar. Dann noch ausreichend Strecke zu machen, fällt schwer. Foto: Andreas David

angebot vielerorts gen Null. Keine Deckung, keine Äsung, keine Rehe! Das Rehwild, ganz gleich, ob Ricken mit Kitzen, Schmalrehe oder Böcke, kehren diesen Mondlandschaften den Rücken und wechseln in angrenzende Waldgebiete oder andere deckungsreiche Lebensräume.

Doch was sind die Gründe dafür, dass in vielen Revieren der offenen Landschaft und darüber hinaus gerade in der aussichtsreichsten Zeit für die Abschusserfüllung die Jagd auf weibliche Rehe und Bockkitze ruht? In zahlreichen Diskussionen nach Vorträgen vor Hegeringen und Jägerschaften sowie bei Revierberatungen habe ich registriert, dass das angeblich zu geringe Körpergewicht der Kitze der vermeintliche Hauptgrund ist: *„Auf derart kleine Rehe schieße ich nicht, die findet man in der Kühltruhe ja gar nicht wieder. Und wenn man dann schon draußen ist, kommt meistens ein* *starkes Bock- oder Rickenkitz, und die sind bei uns ohnehin tabu."*

Okay – doch abgesehen davon, dass sich dahinter regelmäßig das Ansinnen verbirgt, die Abschüsse möglichst weit über die Herbst- und Wintermonate zu verteilen, um möglichst lange jagen zu können – steht diese Argumentation auf tönernen Füßen. Denn während die Kitze in frühester Jugend rasant an Masse zulegen, allein in den ersten drei Lebenswochen um etwa zwei Kilogramm, erfolgt ein weiterer wesentlicher Teil der Gewichtsentwicklung in den Sommermonaten bis in den September hinein. Schon Ende September sinkt sie deutlich ab, um von November bis Februar/März annähernd oder gänzlich zu stagnieren. Rehkitze sind im November (Maisernte) durchschnittlich nur gut ein Kilogramm schwerer als im September! Diese 1000 Gramm aber kann allein ein Schuss auf die Blätter zunichte machen.

Ebenso haltlos ist die Argumentation auch in zahlreichen Waldrevieren, man warte mit dem Kitzabschuss bis zum Januar, ebenfalls in Erwartung eines höheren Wildbreterlöses. In meinem Untersuchungsgebiet Revierförsterei Radbruch (870 Hektar, ehemals Niedersächsisches Forstamt Rosengarten) wogen die Januarkitze im vierjährigen Mittel nur etwa 700 Gramm mehr als ihre im Oktober erlegten Jahrgangsgenossen. Oder umgerechnet sieben Kilogramm pro zehn erlegte Rehkitze! Dabei ist zu bedenken, dass etliche Reviere, hier wiederum überwiegend jene im Feld, ohnehin oft deutlich weniger als zehn Kitze im Abschussplan haben, oder, selbst wenn dieser höher angesiedelt ist, tatsächlich erlegt werden. Man diskutiert dort also bei sechs bis sieben Kitzen um etwa fünf Kilogramm Wildbretgewicht, abzüglich Winterdecke und Knochen umgerechnet um etwa 20 bis 25 Euro.

Lohnt dieses Warten? Zudem noch unter dem Risiko, später eventuell „gar nichts mehr zu kriegen", weil das Rehwild samt und sonders im angrenzenden Wald seinen Wintereinstand nimmt? Wohl kaum. Also gilt es, sich bietende Chancen früh und konsequent zu nutzen. Jagd mit Beute macht mehr Freude. Darüber hinaus können auch das eine oder andere Stück mehr dann im Fall der Fälle problemlos nachbeantragt werden. Das noch immer von vielen Feldrevierinhabern vorgebrachte Argument, „dass im Staatsforst geschossene Vakuum würde die umgebenden Reviere leersaugen“ kann davon abgesehen nicht zutreffen. Ein solch „saugendes Vakuum“ würde in diesem Fall ein striktes und dauerhaftes Territorialverhalten beider Geschlechter bei gleichzeitig hoher Wilddichte oder eine Überpopulation jenseits der Lebensraumkapazität im Feld voraussetzen. Beides trifft bekanntlich nicht zu. Im umgekehrten Sinne würden Rehe in dieser Zeit nicht an der Waldkante umdrehen, weil der Busch unserer Meinung nach „voll“ ist ... Es geht um Deckung und Äsung und die ist in reinen Feldrevieren dann nur noch sehr rar, wenn überhaupt vorhanden.

Man denke in diesem Zusammenhang nur an die vielen Ansitzkanzeln, die in Deutschland längs der Waldkanten errichtet sind. Warum wohl? Es kann nicht sein, dass einige Feldjäger noch immer hohe herbst- und winterliche Rehwildstrecken in Lebensräumen erwarten, in denen Rehe – weitgehend ausschließlich aus dem Wald austretend – quasi nur noch als Wechselwild vorkommen. Diesbezügliche Forschungen in Polen (Pielowski 1983) haben gezeigt, dass in Gebieten mit einem ausreichend hohen Waldanteil nur etwa zehn Prozent der Gesamt-Rehwildpopulation wirklich dauerhaft im Feld leben. Neun von zehn Rehen leben also im Wald, gehen in den Wald oder kommen aus dem Wald. Wirklich reine Feldrehpopulationen, die in Deutschland nach wie vor selten sind, bilden die Ausnahme.

Außer Frage steht, dass der Rehwildabschuss in vielen Jagdbezirken der fiskalischen oder privaten Forstverwaltungen vor dem Hintergrund waldbaulicher Ziele berechtigterweise hoch oder sehr hoch, in einigen Fällen aber auch unnötigerweise und restlos überhöht ist. „Die Förster“ aber für die scheinbare herbst- und winterliche Rehwildmisere in etlichen angrenzenden Feldrevieren verantwortlich machen zu wollen, ist zwar sehr bequem, aber unberechtigt und schon gar nicht zielführend. Wer sich ganzjährig über Rehe freuen möchte, muss auch Ganzjahres-Lebensräume vorhalten oder schaffen. Dass Letzteres in landwirtschaftlich intensiv genutzten Regionen oft kaum oder gar nicht möglich ist, ist ebenso bekannt wie bedauerlich, ändert aber nichts an den Tatsachen. Wo aber geeigneter Lebensraum vorhanden ist, kommen die Rehe von ganz allein.

Betrachten wir darüber hinaus die Aktivitätskurve im Jahreslauf (s. Abb. auf S. 120) und gleichen sie mit unseren eigenen jagdpraktischen Erfahrungen ab, so stellen wir fest: Schon im Oktober und November beginnt die „Saure-Gurken-Zeit" für die Ansitzjagd auf Rehwild, die im Dezember ihren Tiefpunkt erreicht. Die „Winterruhe" beginnt. Der Stoffwechsel der Rehe wird auf Sparflamme gestellt, die Äsungsaufnahme und Bewegungsaktivität sind reduziert, unsere Begegnungen mit Rehen werden seltener, die Bejagung vom Ansitz aus wird folglich erschwert.

Hinzu kommt, dass am letzten Sonntag im Oktober eines jeden Jahres die Umstellung von der Sommerzeit auf die Winter- oder Normalzeit erfolgt. Die Uhr wird um eine Stunde zurückgestellt. Auch dies setzt unsere Chancen deutlich herab! Fast jeder berufstätige Jäger findet dann nicht mehr die Zeit, auch unter der Woche zu jagen. Wenn wir Dienstschluss haben, ist es bereits dämmerig oder stockfinster. An den verbleibenden freien Wochenenden steigt dann mit jedem

Fehlversuch der Druck, noch das eine oder andere Stück auf die Decke legen zu müssen. Entspannte Jagd sieht anders aus!

Weiterhin ergibt sich durch eine frühzeitige Erfüllung des Abschusses ein deutlicher Vorteil für jene Jäger, die ihr Wildbret selbst ver-

Besonders bei frühzeitigem Wintereinbruch gilt es rechtzeitig hinzulangen. Die Rehe werden nicht mehr wesentlich an Gewicht zulegen – wenn überhaupt. Foto: Willi Rolfes

markten. Aus eigener Erfahrung weiß ich, dass vor allem das Weihnachtsgeschäft die Jagdkasse füllt. Das Wildbret lässt sich in der Adventszeit besser und teurer vermarkten. Meine Kühltruhen sind dann regelmäßig leer. Nach dem Fest aber lässt die Nachfrage deutlich nach.

Trotzdem hat die frühzeitige Bejagung „im Feld" allen voran jagdpraktische Vorteile. Diese besitzen „im Wald" zwar auch Gültigkeit, doch kommt dort – sofern notwendig – ein wesentlicher Aspekt hinzu: Die Absenkung oder Minimierung des Rehwildverbisses. Erlegt man die freigegebenen adulten Geißen sowie Schmalrehe und Kitze im September und Oktober, reduziert man automatisch den Verbiss an den Zielbaumarten. Man hat den Großteil der genannten Rehe erlegt, bevor sie die Waldvegetation weiter verbeißen konnten. Dabei ist zu berücksichtigen, dass der Winterverbiss durch den Mangel an krautiger Äsung regelmäßig um den Faktor drei bis fünf höher ist als jener im Sommerhalbjahr.

In Waldrevieren sollte der Abschuss per Ansitz darüber hinaus vorrangig in verbissgefährdeten und verjüngungsnotwendigen Abteilungen

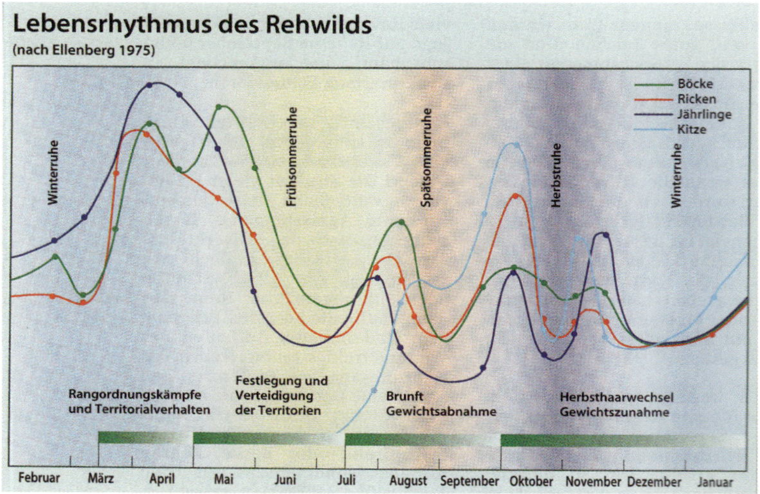

Der Aktivitäts- und Lebensrthythmus des Rehwildes zeigt sehr genau, wann die besten Chancen bei der Jagd auf weibliches Rehwild und Bockkitze bestehen. Grafik: Charlotte Rück, Andreas David

nach dem Motto Zahl vor Wahl erfolgen. In vielen forstlich ambitionierten Jagdbezirken aber wird die angestrebte Strecke noch immer nicht an den potenziellen oder tatsächlichen Schadensschwerpunkten realisiert, sondern meistens dort, wo das Rehwild am einfachsten zu bejagen ist.

Auf den Daueräsungsflächen, Wildäckern oder Grünlandkomplexen im Wald werden aber genau jene Rehe erlegt, die den zur Verfügung stehenden Lebensraum im waldbaulichen, also in unserem Sinne nutzen. Sie äsen „draußen“, nicht im Wald.

Sofern keine vermehrten Verbissschäden registriert werden oder zu erwarten sind, können natürlich auch Äsungsflächen maßvoll zur Bejagung genutzt werden. Anderenfalls aber sollte das Augenmerk auf die tatsächlichen Krisenherde gelegt werden. Es gilt das Motto: Löschen, wo es brennt, und nicht, wo gerade Wasser ist!

Zum Ende des Kapitels möchte ich noch auf den Schmalrehabschuss im Mai und Juni eingehen und auch hier empfehlen, die sich bietenden Chancen konsequent zu nutzen. Zu keiner Zeit sind die einjährigen weiblichen Rehe besser anzusprechen! Allein durch ihren „kindlichen“ Habitus sind sie zweifelsfrei von den noch deutlich stärkeren Ricken zu unterscheiden. Weiterhin ist die Vegetation in dieser Frühlingsphase noch relativ niedrig, was uns einerseits ein Ansprechen unter Zuhilfenahme des gesamten Körpers erlaubt und andererseits den Blick zwischen die Keulen der weiblichen Rehe ermöglicht.

Schmalrehe zeichnen sich jetzt besonders durch einen schmalen Träger und Kopf sowie einen schwachen Rumpf aus, wodurch die Läufe überproportional lang wirken. Besonders die Vorderläufe erscheinen dabei sehr enggestellt – genau wie bei den Jährlingsböcken. Später im Jahr dagegen gleichen sich Schmalrehe und Ricken figürlich immer weiter aneinander an. Die Gefahr der Verwechslung mit einer führenden Ricke ist im September und darüber hinaus deshalb deutlich höher. Im Mai und Juni aber sind die führenden oder hoch beschlagenen Ricken an der Spinne oder am Körperumfang zweifelsfrei zu erkennen. Selbst wenn die Kitze gerade gesäugt wurden, ist die Spinne oder ihre Behaarung noch gut zu sehen. Und wer sich selbst in dieser Zeit nicht hundertprozentig sicher ist, ein Schmalreh vor sich zu haben, schießt eben nicht. Doch ist dies

Jagdzeiten gestern und heute

Das Reichsjagdgesetz sah für Rehböcke eine Jagdzeit vom 1. Juni bis zum 15. Oktober vor. Jene der Schmalrehe dauerte damals wie die der Ricken und „Rehkälber" vom 16. September bis zum 31. Dezember. Gemäß der ersten Bundesverordnung nach dem 2. Weltkrieg (1952) durfte dann vom 16. Mai bis zum 15. Oktober auf Böcke und vom 16. September bis zum 31. Januar auf Schmalrehe gejagt werden.

Erst 1976 wurde der Beginn der Jagdzeit für Schmalrehe auf den 16. Mai terminiert und erst 1999 fasste der Bundesrat einen entsprechenden Entschluss, den Beginn der Jagdzeit auf Schmalrehe und Rehböcke vom 16. auf den 1. Mai vorzuverlegen. Das jeweilige Ende am 15. Oktober (Rehböcke) beziehungsweise am 31. Januar (Schmalrehe) wurde nicht angetastet. Zumindest nicht im Bundesjagdgesetz.

In Thüringen endet die Jagdzeit für Ricken, Kitze und Schmalrehe derzeit am 15.1., in Mecklenburg-Vorpommern bereits am 10. Januar. In NRW und Niedersachsen ist die Jagdzeit für Schmalrehe vom 1.6. bis zum 31.8., in Hamburg vom 16.6. bis zum 31.8. unterbrochen.

kein Grund, gegen die zeitige Erlegung von Schmalrehen im Mai zu wettern.

Ein weiterer wesentlicher Aspekt wird leider häufig vergessen: Bei den einjährigen Rehen beiderlei Geschlechts herrscht fast allerorten ein nicht zu unterschätzender Überhang. Dies vor allem deshalb, weil der Zuwachs vielerorts noch immer mehr oder minder deutlich unterschätzt wird und weil vor diesem Hintergrund oder aus Bequemlichkeit im Jagdjahr zuvor zu wenig Kitze beiderlei Geschlechts beantragt und erlegt wurden. Insgesamt sollte aber auch bei weiblichen Rehen in der Jugendklasse (Rickenkitze und Schmalrehe) mindestens 60 Prozent des Gesamtabschusses getätigt werden. Davon wiederum sollte mindestens ein Drittel auf die Schmalrehe

Eine frühzeitige Erfüllung des Jährlingsabschusses reduziert Wildunfälle und erspart unnötigen Druck zum Ende der Bockjagdzeit. Foto: Willi Rolfes

entfallen. Dass sich dieses Ziel mit einem Jagdbeginn auf alles weibliche Rehwild erst im Herbst in aller Regel nicht realisieren lässt, zeigt dieses Beispiel: Im Untersuchungsrevier Radbruch ging der Abschuss der Schmalrehe nach der in Niedersachsen zwischenzeitlich erfolgten Rückverlegung der Jagdzeit auf den 1. September jährlich schwankend um 50 bis knapp 80 Prozent zurück!

Wie schwer die spätere Unterscheidung wird, zeigt ein weiteres Beispiel unserer dortigen Erhebungen. Bei einem Sammelansitz im September kamen in einem Abteilungskomplex ein 15 Kilogramm schweres Schmalreh, eine 11,5 Kilogramm schwere vierjährige Ricke sowie eine sechsjährige Geiß mit 12 Kilogramm zur Strecke. Mit dem Wechsel ins Winterhaar verwischen die möglichen Unterschiede noch mehr.

Umfangreiche Auswertungen von Verkehrsfallwild-Statistiken zeigten überdies, dass die meisten Schmalrehe in den Monaten April bis Juni und das Gros der Jährlingsböcke schwerpunktmäßig im Mai überfahren werden. Durch den frühzeitigen Abschuss der Jährlinge beiderlei Geschlechts zu Anfang Mai wird uns also auch die Möglichkeit eingeräumt, die hohe Zahl der straßentoten Rehe signifikant zu reduzieren.

Das dies gelingt – sofern konsequent umgesetzt – zeigte ein Pilotprojekt im niedersächsischen Landkreis Hildesheim unter Leitung von Dr. Joachim Algermissen. Dort beginnt man allerdings schon am 20. April mit der Bejagung der Schmalrehe und Jährlingsböcke.

Durch diese Vorgehensweise wurde die Fallwildquote von 34,3 Prozent der Gesamtstrecke auf 16,5 Prozent, also um etwas mehr als die Hälfte, herabgesetzt! Fraglos ein Ergebnis, das sich sehen lassen kann.

Unter dem Strich bleibt festzuhalten, dass die frühzeitige Bejagung vor allem des weiblichen Wildes zwar viele Vorteile, aber keine nennenswerten Nachteile bringt. Das Rehwild kommt eher zur Ruhe, die Waldvegetation wird entlastet und wir können uns anderen dringenden jagdlichen Aktivitäten widmen. Zum Beispiel der Bejagung des Raubwildes.

Bewegungsjagden müssen Strecke bringen

Bewegungsjagden auf Rehwild können uns dem Ziel näher bringen, in kurzer Zeit viel Wild zu erlegen und so den Jagddruck zu mindern. Dazu allerdings sind nicht zuletzt eingehende Kenntnisse der Verhaltensweisen der Rehe notwendig. Hinzu kommt eine akribische Planung. Kurzfristig anberaumte Treiben nach dem Motto „wir machen jetzt auch mal eine Drückjagd …" werden dagegen außer einer immensen Beunruhigung des Wildes wenig bis gar nichts bringen.

Es liegt erst gut zwei Jahrzehnte zurück, dass die „Drückjagd" auf Rehwild noch in weiten Teilen der Jägerschaft verpönt war. Bei den im Lodengrün erstarrten Vertretern unserer Zunft hat sich bis heute daran leider nichts geändert. Gemeint waren damit allerdings schon damals die sich ob ihres Erfolges bei professioneller Durchführung allmählich durchsetzenden großräumigen Bewegungs- oder Anrührjagden mit Treibern oder Treibergruppen und Hunden. Denn im Rahmen einer klassischen Drückjagd werden sich Rehe passenderweise ganz überwiegend drücken. Der Jagderfolg wäre dann entsprechend gering.

Während man seinerzeit hier und dort jedoch noch kopfschüttelnd abwinkte, gehören Bewegungsjagden auf Rehwild oder solche auf denen Rehe neben anderen Schalenwildarten bejagt werden, heute in Waldrevieren so selbstverständlich zum alljährlichen Jagdkalender wie ehedem der Hasensylvester im Feld. Und schon seit geraumer Zeit lässt sich diese Aussage sinnvollerweise nicht mehr auf fiskalische Forsten oder andere Regiejagden beschränken.

Denn sachgemäß durchgeführt sowie mit Augenmaß und Akribie vorbereitet, sind diese Jagden – von naturgemäß nicht ausbleibenden

Die Strecke einer kleinen Bewegungsjagd am 8. Dezember 1993 im Untersuchungsrevier Radbruch. Der Abschuss war erfüllt. Ein frühes Ende der Rehwildjagd im Waldrevier kommt Wald und Wild zugute. Foto: Andreas David

Derartige Drückjagdböcke sind schnell gebaut und lassen sich problemlos umstellen.
Foto: Peter Burkhardt

Fehlschlägen abgesehen – erfolgreich und in ihren Auswirkungen für Wild und Wald gleichermaßen positiv zu bewerten. Doch dazu später mehr.

Stellen Sie sich zunächst bitte folgende Situation vor: Außerirdische machen mit eigens dafür ausgebildeten Hunden Jagd auf Sie und Ihre Kinder. Eine furchtbare Vision, ich weiß. Aber was würde Ihnen bleiben? Sie müssten unter Einsatz aller Sinnesorgane mit Ihren angeborenen und später erlernten Verhaltensweisen sowie Ihren individuellen körperlichen Fähigkeiten wie Schnelligkeit und Ausdauer, Sprungvermögen usw. versuchen, weiträumig zu entkommen, sich zu verstecken oder wie auch immer dem Zugriff ihrer Verfolger zu entgehen. Genau das tun die von uns bejagten

Schalenwildarten im Rahmen von Bewegungsjagden. Und genau die Kenntnis ihrer artspezifischen Verhaltensweisen und Fähigkeiten ist letztlich der Schlüssel zum Erfolg einer jeden Jagd sowie zur Vermeidung von Fehschlägen, Fehlabschüssen und Hunderissen. Wie viel Treiber und wie viel und welche Hunde werden eingesetzt? Wie viel und vor allem welche Schützen werden eingeladen? Wie und wo werden die Stände ausgewählt? All diese und weitere Fragen werden in erster Linie von den zu bejagenden Wildarten selbst und der Struktur ihrer Lebensräume beantwortet – auch beim Rehwild.

Rehe gelten zu Recht als standorttreu. Ihre hinten leicht überbaute Körperform weist sie, ihrer Entwicklungsgeschichte in der Busch- oder Waldrandzone entsprechend, als sogenannte Schlüpfer oder Springer aus. Dort, wo es die unmittelbare Umgebung ermöglicht, werden Rehe im Zweifel von „Hell nach Dunkel" in die nächst erreichbare Deckung flüchten, um dort zu verhoffen und sich neu zu orientieren, den Verfolger einzuschätzen und/oder sich zu drücken. Werden sie erneut beunruhigt, wiederholen sich diese Abläufe. Und nach mehr oder weniger kurzen Fluchten vor dem jagenden Hund oder Treiber werden sie in der Regel relativ schnell in ihren gewohnten Aktionsraum zurückzukehren – sofern sie ihn überhaupt verlassen. So „angerührte" Rehe können also durchaus mehrfach die Stände in ihrem Einstandsgebiet passieren. Und an irgendeinem Stand werden sie im Zweifel „passend" verhoffen und können dort sicher angesprochen und ebenso sicher und mit gutem Schuss erlegt werden.

Vor allem die Treiber und Hundeführer können das geschilderte Verhalten der Rehe im Treiben immer wieder gut beobachten. Sie flüchten über sehr kurze Distanzen in Deckung oder sie verhoffen in Alt- und Stangenhölzern um sich neu zu orientieren und den Standort ihrer Verfolger neu einschätzen zu können. Beste Erfahrungen habe ich bei Bewegungsjagden auf Rehwild gemacht, bei denen überwiegend oder ausschließlich gut eingejagte und fährtensichere Teckel im Einsatz waren. Der zwar lästig und hartnäckig folgende, fährtenlaute, aber kleine und langsame Hund wird offenbar nicht für voll genommen. Mitunter erweckt es den Anschein, als ob die Rehe mit dem

„kurzläufigen Wolf" Katz und Maus spielen. Dem jeweils zu bejagenden Terrain ist dabei aber sicher eine entscheidende Rolle beizumessen, denn geländemäßig sind auch dem fittesten aller Teckel zweifelsohne Grenzen gesetzt.

Doch kommen wir nun zum eigentlichen Drücken der Rehe und zu ihrem Verhalten in Deckung. Welcher erfahrene Hundeführer oder Treiber hat es nicht selbst schon erlebt? Eine Bewegung aus dem Augenwinkel zwei oder drei Meter vor ihm im Farnkraut, in den Brom- oder Himbeeren.

Bei näherem Hinsehen entpuppt sich das Ganze als Reh, das sich eng an den Boden drückt und in Hasenmanier fast erst bei unmittelbarem Körperkontakt hoch wird.

In Deckung, zum Beispiel im Schilf, Krautbeständen oder niedrigen Naturverjüngungen versuchen Rehe, sofern sie sich nicht drücken, auch stehend und regelmäßig sichernd und windend abzuwarten, bis die Gefahr vorüber ist. Sollte flüchtiges Rehwild vor Ihnen in nicht zu hohe Deckung einwechseln und zunächst abtauchen, lohnt es also stets diese Deckungsinseln im Auge zu behalten. Selbst sich drückende Rehe werden häufig wieder hoch, um sich stehend neu zu orientieren. Und hier und da bietet sich meistens doch eine Lücke, die einen gezielten Schuss ermöglicht.

Zur Flucht selbst: Rehe flüchten im Gegensatz zum Rotwild, das als Langstreckenflüchter im raumgreifenden Troll versucht, das Weite zu suchen, in mehr oder minder weiten und hohen Sprüngen. Dabei springen sie mit beiden Hinterläufen, die durch die Länge und Winkelstellung der Lauf- und Fußknochen zueinander fast wie Sprungfedern wirken, gleichzeitig ab. Je nach Sprungintensität, Schnelligkeit und Weite werden die Hinterläufe dabei unterschiedlich weit vor den Vorderläufen aufgesetzt. Die Vorderläufe werden in hoher Flucht nicht gleichzeitig und nebeneinander, sondern zeitlich und räumlich leicht versetzt nacheinander aufgesetzt, um so den Sprung abzufangen.

Die Sprungweiten liegen bei hochflüchtigen Rehen etwa zwischen drei und sieben Metern und es versteht sich von selbst, dass ein Kugelschuss auf hochflüchtige Rehe aus Tierschutzaspekten nicht zu verantworten ist.

Rehe erreichen auf der Flucht über kurze Distanz zwar eine erstaunliche Geschwindigkeit, sind aber wenig ausdauernd. Schnelle, hochläufige und ausdauernd hetzende Hunde sind daher die geborenen und deshalb im Rahmen dieser Jagden nicht gefragten Rehpacker. Ein schneller, austrainierter und fährtensicherer Deutsch-Drahthaar oder Deutsch-Kurzhaar zum Beispiel wird in halbwegs übersichtlichem Gelände auf kurz oder lang jedes gesunde Reh greifen. Wenn er es denn wollte und dürfte ...

Das oben beschriebene „Drücken" der Rehe ist ein weiterer Grund, der gegen den Einsatz großer, schneller Hunde spricht. Von diesen auf kurze Distanzen hochgemacht, neigen Rehe zu panischer und kopfloser Flucht. Sie rennen dann häufig in Kultur- oder andere Zäune und werden dort von den Hunden gepackt – stets ein unschönes Jagderlebnis.

Die Stände

In etlichen Revieren werden noch immer die zur Ansitzjagd gebauten Kanzeln oder Leitern auch im Rahmen von Bewegungsjagden besetzt. In aller Regel sind diese Einrichtungen jedoch allein durch ihren Standort, zum Beispiel an Äsungsplätzen, und die eingeschränkte Bewegungsfreiheit der Schützen dafür ungeeignet.

Bewährt haben sich kleine transportable und offene Kanzeln, um nach allen Seiten schießen zu können. Diese Ansitzböcke gehören nicht an Fahrwege, Schneisen oder Rückegassen. Um das Schussfeld so groß wie möglich zu halten, sollten sie möglichst weit von den umstehenden Bäumen platziert werden. Gute Chancen auf Rehwild bieten:

- Gut belaufene Wechsel etwas abseits der unmittelbaren Beunruhigungszonen.
- Zwangswechsel an oder zwischen Zäunen.
- Der Innenraum von kleineren Deckungsinseln.
- Größere Kulturflächen, in deren Aufwuchs die Rehe gern verhoffen oder sich drücken.
- Leicht gedeckte Geländeeinschnitte wie Mulden oder Bachläufe.

Unabdingbar ist die Festlegung der Gefahrenzonen (Nachbarschützen!) und eine präzise Einweisung durch den anstellenden Jäger. Die Standorte sollten durch die gemachten Erfahrungen sowie angesichts eventueller Veränderungen wie Waldwachstum, Zaun- und Wegebau stets optimiert werden. Falls die Ansitzböcke im Revier bleiben, sind sie regelmäßig auf ihre Sicherheit hin zu überprüfen und gegebenenfalls kurz vor der Jagd freizuschneiden.

Dies ist der Grund, weshalb Rehe relativ oft in Zäune laufen, was bei Rot- oder Damwild nur sehr viel seltener, wenn überhaupt der Fall ist.

Hinzu kommt, dass sich Ricken und Kitze relativ schnell und häufig schon bei geringem Druck voneinander trennen. Denn anders als zum Beispiel Rotwildkälber zeigen sich Rehkitze auch auf der Flucht sehr „frühreif". Sie flüchten bei Wahrnehmung einer Gefahrenquelle häufig selbstständig und nicht selten in eine andere Richtung als die erst später abspringende Ricke. Ein Rotwildkalb aber bleibt bei seiner Mutter.

Dieses artspezifische Verhalten birgt für uns die Gefahr, ungewollt auch führende Ricken zu erlegen. Aus rein wildbiologischer und mit Abstrichen moralischer Sicht ist es zwar vertretbar, auch einzeln anwechselnde Ricken zur Strecke zu bringen. Trotzdem sollten wir es, wo und wann immer möglich, vermeiden. Es ist zwar bekannt, dass die Kitze im Spätherbst schon recht selbstständig sind und dass einige in dieser Zeit bereits vorübergehend

Die Treiben

Grundsätzlich empfiehlt es sich in Treibergruppen zu agieren, die ein zugewiesenes Areal stets erneut beunruhigen. Treiberwehren oder -ketten, die einmal auf breiter Front das Treiben durchqueren sind für das Wild leicht berechenbar.

Im Vorfeld sollten folgende Punkte beachtet werden:

- Zahl und Lage der Treiben festlegen (Revierkarte).
- Die Treiben mit den Treibergruppenführern und Anstellern besprechen.
- Pro Treibergruppe sollte mindestens ein ortskundiger und erfahrener Treiber sowie ein Hundeführer vorgesehen sein. Optimalerweise führen ortskundige Hundeführer die Gruppen.
- Exakten Zeitplan erstellen und nach der Uhr jagen (Sicherheit!).
- Gegebenenfalls Aufbrechpausen einplanen.
- Falls nur mit Hunden getrieben wird, sollte die Zahl der Hunde den Einstandsschwerpunkten entsprechend verteilt werden.
- Um eine permanent hohe Konzentration der Schützen zu gewährleisten, sollten die Treiben nicht länger als zweieinhalb bis maximal (!) drei Stunden dauern.

allein stehen oder sich mitunter auch anderen Sippenmitgliedern anschließen. Beides sollte aber nicht als Freifahrtschein für den Abschuss führender Ricken genutzt werden.

Bewegungsjagden auf Rehwild sollten auch aus diesem Grund möglichst erst im November oder Dezember stattfinden, spätestens mit dem Jahreswechsel aber enden. Der Spätherbst und Frühwinter ist für die Ansitzjagd auf Rehe vor dem Hintergrund des arteigenen Aktivitätsmusters und der Wetterbedingungen ohnehin eine „Saure-Gurken-Zeit“ und bietet sich gemeinsam mit dem erfolgten Laubfall deshalb als Bewegungsjagdtermin an.

Bewegungsjagden auf Rehwild sollten erst im November oder Dezember stattfinden und spätestens mit dem Jahreswechsel enden. Foto: Peter Burkhardt

Für das Rehwild selbst beginnt diese Zeit mit dem winterlichen Äsungsengpass und der Umstellung des eigenen Stoffwechsels. Vor allem in vergleichsweise kalten und schneereichen Wintern sind die Rehe dann mehr oder minder weitgehend auf ihre während der Herbstmast angefressenen, körpereigenen Fettreserven angewiesen. Vor diesem Hintergrund sollten wir bemüht sein, den Rehwildabschuss möglichst bis Weihnachten oder zum Jahreswechsel – auch im Rahmen von Bewegungsjagden – erfüllt zu haben. Sicher sind auch Rehe naturgemäß daran angepasst, bei tiefen Temperaturen und Schneelagen ihr Heil in der Flucht zu suchen. Doch ist die

Rehwild will sich drücken, überlaufen lassen, sich wegmogeln und verstecken. Derartige Freiflächen überquert es zumeist so flüchtig, dass kein seriöser Schuss mehr abgegeben werden kann. Daher immer runter von den Kanzeln, weg von den Wegen und Freiflächen und rein in die Bestände! Foto: Willi Rolfes

RASCH

Bereits im Vorfeld der Bewegungsjagd sollten Sie daran denken, Nachsuchengespanne einzuladen.Halten Sie am Tag der Jagd ortskundige Begleiter bereit und planen Sie zudem auch eine möglicherweise notwendige Nachsuche am Folgetag ein! Foto: Peter Burkhardt

Jagd von Wolf und Luchs sicher nicht mit einer großräumigen Bewegungsjagd modernen Zuschnitts in einen Topf zu werfen. Derartige Vergleiche hinken also zwangsläufig und wir sollten auch dem Rehwild im Winter seine Ruhe lassen. Dies bedingt allerdings, dass zuvor entsprechend motiviert und effektiv gejagt wird.

Die Ziele von Bewegungsjagden sind die Reduktion der Wilddichte sowie eine Minderung des Jagddrucks durch „viel Strecke in kurzer Zeit", um anschließend Ruhe lassen zu können. Diese Strategie dient dem Wild und der Waldvegetation gleichermaßen. Sie bedingt jedoch hohen Druck und massive Störungen für das Wild.

Dort, wo nach der Jagd vor einem Heer von 50 oder mehr Jägern, Treibern und Hundeführern regelmäßig nur einige wenige Stücken Schalenwild auf der Strecke liegen, sollte deshalb auf Bewegungsjagden besser verzichtet, zumindest aber die Organisation und Durchführung der Jagden überdacht und optimiert werden. Ferner gilt es zu bedenken, ob die Kosten einer solchen Jagd den Verbiss einiger Rehe mehr oder weniger unter Umständen nicht weit überschreiten.

Wer darüber hinaus nicht willens ist, im Rahmen von Bewegungsjagden auch beim Rehwild Strecke zu machen, sollte besser absagen oder, sofern bekannt, gar nicht erst eingeladen werden. Allein der organisatorische Aufwand ist für solche Gefälligkeitseinladungen einfach zu hoch.

Der Abschussplan – notwendig oder überflüssig?

Sämtliche Schalenwildarten mit Ausnahme des Schwarzwildes unterliegen der gesetzlich geforderten Abschussplanung. Speziell beim Rehwild führt diese regelmäßig zu Streit, zu vermehrter Arbeit der Landkreise und kreisfreien Städte sowie zu Frust und Verdruss. Mit etwas mehr Eigenverantwortung und Ehrlichkeit ließen sich diese Klippen umschiffen.

Es liegt nun etwa 15 Jahre zurück, dass die ersten Forderungen, den Abschlussplan für Rehwild doch einfach abzuschaffen, leise hörbar wurden. Passiert ist seither wenig, in einigen Bundesländern gar nichts. So wird das Thema vor allem im Frühjahr stets erneut und immer intensiver diskutiert.

Vielfach aber wird der Abschussplan dabei immer noch als ein wesentliches Instrument einer zielführenden Bejagung bewertet. Doch was sind die Ziele unserer Rehwildbejagung? Schon die Beantwortung dieser Frage ist kaum möglich. Zu unterschiedlich sind die individuellen Ziele und Intentionen innerhalb der Jägerschaft.

Seit gut 20 Jahre nun spreche ich hier und dort in Deutschland „über Rehe". Vor Jägerschaften, Hegeringen und anderen jagdlichen Institutionen. Über eigene Untersuchungen, über die praktische Jagd und über den praxisrelevanten wildbiologischen Kenntnisstand in Sachen Rehwild. Die anschließenden Diskussionen, offiziell im Saal oder anschließend beim Bier, sind mitunter sehr interessant, sachlich und nutzbringend, allzu oft aber auch sehr befremdend.

Etliche Jäger erlegen zum Beispiel auch heute noch grundsätzlich keine Kitze. Manche verzichten lediglich auf den Abschuss von Bockkitzen und wieder andere bringen

Zutreffendes ist angekreuzt ☒

Angabe der Fege- und Verbiss-Schäden: keine ☐ geringe ☒ erhebliche ☐

1	2					3	4	5
Rehwild	Abschussergebnis (einschließlich Fallwild) der letzten fünf Jagdjahre – in die Folgezeile bitte die Jagdjahre eintragen					Altersklassen	Gesamtabschuss für die Jagdjahre von – bis 2011 – 2014: vorgeschlagener Abschuss	☐ bestätigt ☒ festgesetzt
	2006	2007	2008	2009	2010			
Männliches Rehwild						Jugendklasse (Bockkitze und Jährlinge)	10	10
						Altersklasse (zweijährig und älter)	5	5
Gesamtzahl	5	5	6	5	6	Summe	15	15
Weibliches Rehwild						Jugendklasse (Rickenkitze und Schmalrehe)	10	10
						Altersklasse (zweijährig und älter)	5	5
Gesamtzahl	7	7	5	6	7	Summe	15	15
Summe Rehwild	12	12	11	11	13	Summe Rehwild	30	30
Summe je 100 ha	13,3	13,3	12,2	12,2	14,4	Summe je 100 ha	11,1	

Bemerkungen

Notwendiges Instrument der Rehwildbejagung oder überflüssige und teure Bürokratie?

17.4.2011

Etliche Jäger erlegen auch heute noch grundsätzlich keine Kitze. Manche verzichten lediglich auf den Abschuss von Bockkitzen. Foto: Peter Burkhardt

außer „alten" Böcken – irrgeleitet durch einen restlos verfehlten Hegegedanken – beim weiblichen Rehwild nur „sichtbar überalterte, kranke oder schwache" Stücke zur Strecke. Nun ist es zunächst völlig legitim und nachvollziehbar, dass sich jeder Jäger oder Revierinhaber der Bejagung der Rehe eine eigene Vorgehensweise oder Philosophie zu Grunde legt. Doch gibt es auch diesbezüglich jagdgesetzliche Regularien. Folgerichtig drehte sich dann manche abendliche oder nächtliche Diskussion auch um den Sinn und Unsinn der Abschusspläne beziehungsweise deren Erfüllung, Übererfüllung oder Nichterfüllung.

So schilderte mir der langjährige Pächter eines etwa 650 Hektar großen Niederwildrevieres, dass sein Abschussplan zwar 24 Rehe im Geschlechterverhältnis von etwa 1:1 vorsehe, seine Jagdfreunde und er aber über viele Jahre hinweg nicht mehr als zehn Stück Rehwild pro Jagdjahr erlegt hätten. Auf meine Frage, warum er denn stets erneut über das Doppelte beantragen würde, bekam ich zunächst zur Antwort, dass es nicht sicher sei, ob man den Abschuss in dieser Höhe sonst wieder „freikriegen würde". Meinem Einwurf, dass der Plan objektiv doch aber sowieso nicht erfüllt wird und er folglich auch nicht so viele Rehe zu beantragen braucht, hielt er entgegen, dass es für ein derart großes Revier einfach „besser aussehen" würde und ihm angesichts der steigenden Schwarzwildbestände kaum noch Zeit zur Jagd auf Rehwild bliebe.

Der Verfechter des ausschließlichen Abschusses von „alten" Böcken sowie „sichtbar überalterten, kranken oder schwachen" weiblichen Rehen hielt meinem Einwand, dass heute wohl keine Behörde mehr einen solchen Abschussplan genehmigen würde, kurz und knapp entgegen, dass das ja nebensächlich sei. Einzelfälle? Keineswegs, denn mit weiteren derartigen Erlebnissen könnte ich mittlerweile ein eigenes Buch füllen. Die so oft zitierten Postkartenrehe ziehen also auch im 21. Jahrhundert noch immer und in hoher Zahl ihre Fährten im bürokratischen Dschungel der Abschusspläne und -listen.

Des einen Ziel ist es, möglichst viele Rehe zu haben. Einfach, weil er sich darüber freut, oder damit er bei seinen seltenen Ansitzen das eine oder andere Stück dann ohne allzu großen Zeitaufwand erlegen kann. Aber bitte nicht zu viel! Denn das nächste Jagdjahr kommt ja bestimmt ...

Des anderen Ziel ist es, möglichst wenig Rehe zu haben. Dies vor dem Hintergrund, dass er um die Naturverjüngung in seinem Wald fürchtet, auf dessen rentable Bewirtschaftung er dringend angewiesen ist. Der eine jagt im Feld, der andere im Wald. Dem einen sind „seine" Rehe das Liebste, dem anderen –

zum Beispiel im Hochwildrevier – allenfalls eine unwichtige Nebenwildart. Und während für den einen die wie auch immer geartete Ausgestaltung des Rehwildabschusses im Zentrum eines jeden Jagdjahres steht, ist für den anderen die den Vorgaben entsprechende Abschussplanerfüllung eine eher lästige Pflichtaufgabe.

Den oben beschriebenen „Überhegern" wiederum steht eine Vielzahl von Jägern gegenüber, die auf den Abschusslisten wirklich nur das angeben, was sie tatsächlich erlegt oder von der Straße gezogen haben, gegebenenfalls einige Stücke ordnungsgemäß nachbeantragen und alles so handhaben, wie es eigentlich sein sollte und jagdgesetzlich vorgesehen ist. Ebenso gibt es Revierinhaber, die alljährlich etwas über den Plan hinaus schießen, dies wegen der Geringfügigkeit aber nicht verbuchen und so den „Schreibkram der Nachbeantragung" umgehen. Und einige schilderten mir auch, dass sie die „Straßentoten" zwar registrieren (sofern möglich), diese aber dem Abschuss im Revier nicht hinzuaddieren. Auch sie wollen letztlich den Amtsschimmel umgehen. Dies ist keine Nestbeschmutzung sondern lediglich die Darstellung allseits bekannter Abläufe und offener Geheimnisse.

Wie auch immer – unter dem Strich kommt man zu dem Schluss, dass wir einerseits mit Zahlen und Statistiken arbeiten, die bei weitem nicht stimmen, andererseits der derzeitige Umgang mit den Abschussplänen und ihrer praktischen Umsetzung sicher nicht der Weisheit letzter Schluss ist.

Die Verfechter der Abschusspläne sehen ohne eine entsprechende jagdrechtliche Regelung ein jagdliches Chaos herannahen. Die Gegner der Abschusspläne dagegen sind der Meinung, dass sowieso jeder macht, was er will und wir folglich auch die Pläne nicht mehr brauchen. Wie so oft in unserem Land stehen wir also weitgehend kompromisslos zwei Extremen gegenüber.

In den Diskussionen ist seitens der Befürworter des Abschussplanes einer der am häufigsten zu hörenden Ausdrücke „früher ...". Früher war dies, früher war das. Selbstredend war früher einiges anders als heute. Aber auch die Jagd muss sich angesichts veränderter Rahmenbedingungen weiterentwickeln. Frü-

her trugen die Jäger auch fast ausnahmslos den guten alten Loden, heute aber Faserpelze und andere Fleecejacken. Es bringt uns nicht weiter, auf Gedeih und Verderb an althergebrachten Abläufen festzuhalten.

Bereits im Jagdjahr 1992/93 bedeutete uns die alljährlich veröffentlich-

Das Ziel mancher Jäger ist es, möglichst viele Rehe im Revier zu haben. Einerseits erfreut sie die Zahl an sich, andererseits können Sie so das ein oder andere Stück ohne allzu großen Zeitaufwand erlegen. Aber bitte nicht zuviel – das nächste Jagdjahr kommt bestimmt. Foto: Peter Burkhardt

te Statistik, dass die Rehwildstrecke in Deutschland erstmals die Millionengrenze überschritten hatte. Die publizierte Strecke betrug damals 1.008.553 Stück Rehwild. Dass diese Zahl das gefundene und/oder gemeldete Fallwild beinhaltet, ist bekannt. Schon im Jagdjahr 02/03 kletterte sie dann erstmals auf über 1,1 Millionen Stück und schwankt seither konstant um diesen Wert. Ungeachtet dessen, dass diese Zahlen so nicht stimmen, geht es also um eine riesige Torte, von der ein jeder sein Stück, in einer ihm adäquat erscheinenden Größe, abbekommen möchte.

Nun sollte aber für gar nicht wenige Jäger die Strecke der Nachbarn doch bitte nicht allzu groß ausfallen. Denn Rehe halten sich naturgemäß nicht an Reviergrenzen. Dies ist letztlich eines der Hauptargumente der strikten Befürworter des Abschussplanes. Der Plan wird aus ihrer Perspektive quasi als Kontrolle dafür gesehen, dass keiner über die Stränge schlägt. Wobei leider häufig eher Neid oder persönliche Unzufriedenheit über das eigene Revier, als vernünftige Argumente der Antrieb sind. Weiterhin wird dabei geflissentlich übersehen, dass außer in fiskalischen Jagdbezirken, der Abschussplan und seine Erfüllung ohne den körperlichen Nachweis der Rehe ein Papiertiger ist und bleibt. Darüber hinaus befürchten sie den Verlust der Nachhaltigkeit in der Rehwildbejagung. Stellt sich die Frage, ob es nachhaltig ist, wenn sich die Dichte einer Wildtierpopulation auf einer bestimmten Fläche über Jahre oder Jahrzehnte hinweg fortlaufend erhöht (s. S. 172). Wohl kaum.

Es liegt in der Natur der Sache, dass in einem intensiv landwirtschaftlich genutzten 100-Hektar-Revier weniger Rehe geeigneten Lebensraum finden als im benachbarten Waldrevier mit einem unterwuchsreichen Baumbestand. Hinzu kommt, dass die Rehe, die vor der Ernte in Revier A ihre Fährte zogen, sich im Herbst und Winter in den angrenzenden Wald von Revier B zurückziehen und sich dann nur noch kurzzeitig auf der aufgelaufenen Wintersaat blicken lassen. Folglich zieren in Revier A eben nur fünf oder sechs Rehe die Strecke, in Revier B dagegen vielleicht zehn oder 15 Rehe pro 100 Hektar.

In solchen Situationen aber hilft meistens nur eine konsequente Chancenverwertung im Feldrevier

(s. S. 114), die aber häufig unterbleibt, oder, falls möglich, eine entsprechende Lebensraumplanung. Weiterhin können bei gutem Einvernehmen entsprechende Absprachen getroffen werden.

Beispielsweise dahingehend, dass der Waldrandbereich in einem wie auch immer breiten Gürtel weitgehend unbejagt bleibt, was dann aber wiederum eine konsequente Chancenverwertung im Feld voraussetzt. Eine veränderte Gesamtabschussplanung aber ist nicht zielführend. Zumindest nicht für Revier B! Womit wir dann wieder bei den oben auszugsweise dargestellten unterschiedlichen Zielen angelangt wären.

Wenn man sich mit Plänen beschäftigt muss man weiterhin zwangsläufig hinterfragen auf welchen Fakten oder Größen der Plan beruht. Im Falle der Abschusspläne sollten dies zuvorderst der tatsächliche Bestand, das darin gegebene Geschlechterverhältnis, der darauf basierende jagdlich nutzbare Zuwachs und eine dem Lebensraum angepasste oder angemessene Wilddichte sein. Wenn man aber in diesbezüglichen Diskussionen viele Revierpächter spontan und unerwartet zum Beispiel nach dem Geschlechterverhältnis fragt, kommt häufig nur ein räusperndes „Ähem" und „Naja" oder „Wohl so ungefähr…", als Antwort.

Folglich kann auch der zu erwartende Zuwachs lediglich grob geschätzt werden. Und bei genauerem Hinsehen zeigt sich dann, dass die meisten Abschusspläne lediglich fortgeschrieben werden, nicht aber auf bekannten Größen basieren. Was eigentlich auch unproblematisch ist. Zumindest so lange, wie es nicht zu spürbaren negativen Beeinträchtigungen des Lebensraumes kommt oder so lange nicht der Abschuss in solchen Revieren vehement in Frage gestellt wird, wo man sich zumindest bemüht, im Rahmen der Möglichkeiten die genannten Größen halbwegs zutreffend dem Abschussplan zu Grunde zu legen und dann in schöner Regelmäßigkeit mehr Rehwild erlegt als zuvor.

Einige Gesprächspartner flechten auch immer wieder ein, dass bei einer generellen Abschaffung der Abschusspläne letztlich auch die jägerische Geselligkeit leiden und der Wert von Hegeschauen gemindert werden würde. Warum eigentlich? Wer der Geselligkeit ausweichen möchte, tut das sowieso. Sie oder er liefert die Gehörne zur Hegeschau an, sofern noch verpflichtend vorgeschrieben, nimmt aber an der eigentlichen Veranstaltung nicht teil. Wobei auch zahlreiche Hege- oder besser Trophäenschauen durchaus reformwürdig erscheinen. Denn Hand auf's Herz, wer legt schon Wert darauf, auf diesen Veranstaltungen den tausendundersten Jährlingsspießer zu betrachten? Dabei zeigen einige Zunftgenossen bereits über Jahre hinweg stets die selben, alten Jährlingstrophäen vor, weil die neuen Häupter ohnehin nicht mehr abgekocht und samt Decke, Läufen, Haupt und Aufbruch auf dem Luderplatz in den natürlichen Kreislauf reintegriert werden ...

Was also tun? Folgt man den aktuellen allgemeinpolitischen Diskussionen, fallen immer häufiger die Worte „Dezentralisierung", „Kostensenkung", betont man „Eigenverantwortung" und fordert ferner eine „Entbürokratisierung". Warum also folgt man nicht diesem Weg und zieht auch die Rehwild-Abschussplanung in Anlehnung an die anerkannten Hochwildringe weg von den Jagdbehörden in die Eigenverantwortlichkeit der Jägerschaften inklusive der fiskalischen Forstreviere vor Ort? Die Ebene der Hegeringe wäre dafür sicher optimal geeignet. Sie halten die dafür notwendigen Strukturen bereits weitgehend vor. Ihre Leiter kennen die beteiligten Reviere und Revierinhaber in der Regel gut. Und mit einigen demokratisch gewählten Vertrauensleuten in den Reviergruppen aus Feld und Wald an ihrer Seite sollte eine abgestimmte Abschussplanung und -durchführung doch möglich sein – oder?

Auf dieser Ebene könnte dann jährlich und gruppenweise wechselnd ohne großen Aufwand (Vertrauensleute!) vielleicht auch mal ein körperlicher Nachweis erfolgen. Der Amtsschimmel müsste nicht mehr über die Äsungsflächen der Rehe galoppieren und lediglich die Strecken müssten noch an die Kreise weitergeleitet werden.

Grundlage der Abschusspläne sollte unter anderem der tatsächliche Bestand und eine dem jeweiligen Lebensraum angepasste oder angemessene Wilddichte sein. Foto: Timo Hilgers

Weiterhin könnten die Revierinhaber auf diesem Wege die Gebühren für die Abschussplan-Bearbeitung und -genehmigung sparen und diese wechselweise in den Revieren für lebensraumverbessernde Maßnahmen einsetzen.

Sicher ist es schwierig, extrem eigensinnige Revierinhaber für diese Idee zu begeistern und einen entsprechenden Konsens mit den Forstverwaltungen zu erzielen, doch wäre dies ein Problem der Abstimmung im Vorfeld und der Legislative. Und zahlreiche Beispiele zeigen uns doch, dass ein einträchtiges und verständiges Miteinander doch möglich ist.

Auch könnte auf diesem Wege unter Beachtung des jeweiligen Landesrechtes der Bildung von (Rehwild-)Hegegemeinschaften Vorschub geleistet werden (§ 10a Abs. 1 und 2 BJG). Zentrale Aufgaben der Hegegemeinschaften wären dann:

- Hegemaßnahmen gemeinsam und/oder abgestimmt durchzuführen.
- Den Abschuss miteinander zu planen, abzustimmen und abzugleichen.
- Die Einhaltung und Erfüllung der Abschusspläne zu begleiten beziehungsweise zu überwachen.

Zwar werden die jagdgesetzlichen Regelungen bezüglich der Hegegemeinschaften länderweise unterschiedlich gehandhabt, und sicher wäre es zunächst mit einigem Aufwand verbunden, ein solches Modell großflächig zu verwirklichen. Doch würde es der geforderten Dezentralisierung entgegenkommen, und – vor allem in landwirtschaftlich dominierten Regionen – gleichzeitig die Möglichkeit bieten, auch andere Wildarten wie das Rebhuhn, den Fasan und/oder den Feldhasen endlich in die Obhut der anerkannten und revierübergreifenden Hegegemeinschaften hinsichtlich einer abgestimmten Hege, Lebensraumplanung und Bejagung zu geben. Dies würde auch die Möglichkeiten erweitern, an behördlichen Fördermaßnahmen zum Beispiel aus Mitteln der Jagdabgabe beteiligt zu werden.

Ich meine, dass wir uns von unnötigen Amtsakten trennen und flexibler werden sollten. Die anerkannten Hochwildringe haben es vorgemacht. Warum soll solches Vorge-

Rehwild im Schatten des Löwen

Die kreisfreie Stadt Braunschweig beinhaltet in ihrer Gesamtfläche 29 Jagdbezirke. 25 davon traten im Rahmen der Gründungsversammlung am 10. Februar 2005 der neu gebildeten Rehwild-Hegegemeinschaft bei. Von insgesamt rund 10.000 Hektar Fläche umfasst die HG zur Zeit etwa 8.000 Hektar. Die behördliche Genehmigung und Festsetzung des eingereichten Gesamt-Abschussplanes für die folgenden drei Jahre kostete 26 Euro, die ansonsten von jedem Revierinhaber zu entrichten wären.

Die jährliche Abschusshöhe in den beteiligten Revieren schwankte bis dato zwischen 1,6 und elf Stück Rehwild pro 100 Hektar Jagdfläche. Erstes Ziel der HG war es, die Zahl des Verkehrsfallwildes im Einzugsbereich der niedersächsischen Großstadt zu senken. Während in der Dreijahresperiode von 2002 bis 2004 insgesamt 426 männliche und 461 weibliche Rehe erlegt wurden, sahen die Einreichungen der Revierinhaber für die nächsten drei Jahre zunächst 455 männliche und 477 weibliche Rehe vor. Grundsätzlich traute man sich also eine weitere Erhöhung der Abschusszahlen zu. Die seitens der Revierinhaber angesetzten Zahlen wurden von der HG zunächst 1:1 übernommen.

Im Sinne einer weiteren Absenkung des Verkehrsfallwildes wurden insgesamt aber 480 männliche und 500 weibliche Rehe beantragt und behördlicherseits festgesetzt. Zu gewagt?

Wohl kaum, angesichts der Tatsache, dass bereits in den fünf zurückliegenden Jagdjahren von 2000 bis 2004 der Abschuss von jährlich insgesamt 257 auf 361 Rehe, also um gut 40 Prozent weitgehend problemlos angehoben wurde. Weiterhin wurde auf diesem Wege vorsorglich eine kleine Reserve von fünf Prozent des zunächst kalkulierten Abschusses geschaffen, die bei Bedarf flexibel und unkompliziert vergeben werden kann.

Das Beispiel der Reviere in der Stadt Heinrichs des Löwen sollte uns ermuntern, vergleichbare Ansätze zu finden und umzusetzen.

Hochwildring Gartow-Lüchow

	Rotwild	I	II	III	Σ ♂	Kahlwild incl. m. Kälber	Gesamt
	nachrichtlich: Freigabe 2009/10	14	6	57	77	235	312
	nachrichtlich: Freigabe 2010/11	15	5	59	79	260	339
	nachrichtlich: Freigabe 2011/12	15	4	50	69	260	329
	Abschuss -IST 2011/12	4	4	53	61	253	314
	Entwurf Freigabe 2012/13	15	4	69	88	345	433
							Σ
1.	Hegering Gartow (ohne 2.)	6	1	13	20	110	130
2.	Gartow Eigenjagd Gut	4	1	16	21	60	81
3.	Hegeringgruppe Lu/Dan/Lem	2	1	15	18	25	43
4.	Nds. Landesforsten	3	1	15	19	50	69
5.	Reserve Hochwildring			10	10	100	110
6.	Summe Freigabe	15	4	69	88	345	433

Rehwild-Hegegemeinschaften ermöglichen eine Flexibilität bei der Abschussverteilung. Erfüllt ein Revier den eingereichten Abschuss nicht, kann er auf andere Jagdbezirke verteilt werden – unkompliziert per Telefon mit dem Vorstand. Hochwildringe leben uns diese „Pool-Lösung" schon vor, wie dieser Freigabeentwurf des Hochwildringes Gartow-Lüchow demonstriert. Dort befinden sich 100 Stücke (!) in der Reserve. Grafik: Michael Urbansky

hen beim Rehwild nicht funktionieren? In der Folge müsste nur noch ein (!) Abschussplan für alle Reviere eingereicht und seine Festsetzung oder Anerkennung bezahlt werden. Alles andere wäre Sache der beteiligten Revierinhaber und Forstämter sowie des Vorstands der Rehwild-Hegegemeinschaft. Dass im Vorstand ein Vertreter der Forstverwaltungen vor Ort sitzen muss – sofern entsprechende Reviere beteiligt sind – versteht sich dabei von selbst. Darüber hinaus bestünde eine Flexibilität in Form der Abschussverschiebung. Falls ein Revier, aus welchen Gründen auch immer, den eingereichten Abschuss nicht erfüllen kann, wird er auf andere Jagdbezirke verteilt, die den Bestand bis dato unterschätzt hatten. Gänzlich ohne behördliche Nachbeantragung, sondern einfach und unkompliziert per Telefon mit dem Vorstand.

Was steht dem entgegen? Okay, extreme Egomanen unter den Jagdpächtern sowie ökojagd-geprägte Forstverwaltungen werden schwierig zu überzeugen sein. Doch auch ein langer Weg beginnt bekanntlich mit einem ersten Schritt. Und in Braunschweig (s. Kasten auf Seite 147) zum Beispiel bedurfte es lediglich einer guten Vorbereitung und Abstimmung im Vorfeld, einer von der Jagdbehörde anerkannten Satzung sowie einer Gründungsversammlung und einer einmaligen behördlichen Gründungsgebühr von 40 Euro. Das war's!

Sollten uns vergleichbare Schritte in absehbarer Zeit nicht gelingen, plädiere ich für die Abschaffung der Abschusspläne beim Rehwild. Ausnahmen sehe ich allein dort, wo die Verbissschäden das vertretbare Maß deutlich überschreiten und einen Mindestabschuss notwendig machen – dann allerdings mit körperlichem Nachweis.

Dort wo die Verbissschäden das vertretbare Maß deutlich überschreiten und einen Mindestabschuss notwendig wird, sollte auch ein körperlicher Nachweis der erlegten Rehe erfolgen.
Foto: Jonas Burkhardt

In vielen Fällen stört zum Beispiel eine Spaziergängerin mit ihren Hunden uns Jäger mehr als das Wild. Fotos: Andreas David, Willi Rolfes

Störungen von Wild und Jägern

Menschliche Störungen und ihre Auswirkungen auf Wildtiere werden zusehends häufiger und kritischer thematisiert. Dabei handelt es sich meistens jedoch um Diskussionen, die sich weitgehend spekulativ irgendwo zwischen dem Garten Eden und der vermeintlichen Unnatürlichkeit des Menschen bewegen.

Es gibt wohl kaum ein anderes Thema, über das unter Jägern so häufig und emotional gesprochen und diskutiert wird, wie über „Störungen im Revier". Oft wird dabei allerdings kaum differenziert, wer denn wen und wie tatsächlich stört – wenn überhaupt. Denn vielfach fühlt sich auch nur der Jäger selbst auf seiner Suche nach Ruhe und Abgeschiedenheit im Revier oder bei seiner Jagdausübung gestört. Die tatsächlichen Auswirkungen für das Wild aber werden kaum hinterfragt.

Dass es bei keinem Jäger Beifallsstürme auslöst, wenn ihm Wild

durch einen „Störenfried" aus dem Blickfeld vergrämt wird, steht außer Frage. Das ist nur allzu menschlich. Dennoch sollten wir bei allem Verdruss nicht vergessen, dass solche Störungen aus der Perspektive des Wildes mittlerweile ein Teil alltäglicher Normalität darstellen. Dies nicht zuletzt vor dem Hintergrund, dass solche Störungen auch dann stattfinden, wenn wir selbst nicht im Revier sind. Teilweise täglich und ganzjährig. Und längst hat darüber hinaus bei zahlreichen Wildtieren ein Lernprozess im Sinne einer Gewöhnung stattgefunden.

Deswegen sind gar nicht wenige Individuen durchaus in der Lage, zwischen „gut und böse" zu differenzieren. So ziehen Rehe bei der Annäherung des Joggers, der täglich zwischen 16.00 und 17.00 Uhr seine Bahn an der Äsungsfläche vorbei zieht, zwar noch kurz in Deckung – wenn überhaupt – sind aber schon nach relativ kurzer Zeit wieder draußen bei der Äsungsaufnahme oder gar in völliger Ruhe liegend beim Wiederkäuen zu beobachten.

Um nicht falsch verstanden zu werden: Mit dem bisher Gesagten möchte ich auf keinen Fall einer weiteren und wahllosen Frequentierung der offenen Landschaft durch die unterschiedlichsten „Passanten" das Wort reden. Auch liegt es mir fern, Störungen von Wildtieren durch menschliche Freizeitaktivitäten im weiteren Sinne generell verharmlosen zu wollen. Dies besonders vor dem Hintergrund, dass anthropogene Störreize in ihrer Intensität und Häufigkeit noch immer zunehmen.

Außerdem zeigen wissenschaftliche Erkenntnisse, dass Dauerstress durch Störungen zu gesundheitlichen Problemen des Wildes, beispielsweise zu Wachstumsstörungen, Untergewicht, verminderter Reproduktion, gesteigerter Nervosität, höherer Parasitierung etc. führen kann. Im Extrem kommen vielleicht gar ökosystemare Auswirkungen hinzu. Auch hier gilt es jedoch, objektiv zu bleiben. Denn in vielen Fällen stört zum Beispiel ein Spaziergänger, Radfahrer oder was auch immer uns Jäger, einen neutralen Naturbeobachter oder einen Wildtierfotografen viel mehr und nachhaltiger als die betroffenen Tiere selbst.

Doch zurück zum Grundlegenden: Wer oder was „stört" eigentlich Wildtiere? Eine Frage, die bis auf wenige mess- oder sichtbare Parameter kaum zutreffend zu beantworten ist. Schließlich können wir die Tiere ja nicht danach fragen. Das heißt fragen können wir sie schon, aber sie können uns nicht antworten. Außer durch ihr Verhalten. Doch ist genau dessen Beurteilung außerordentlich problematisch. Vieles wird deshalb stets Spekulation bleiben.

Wird bei einem Feldhasen in der Sasse oder einem sich drückenden Fasan, den wir durch unsere Annäherung in höchste Alarm- und Fluchtbereitschaft versetzen, die Pulsfrequenz nicht genauso in die Höhe getrieben wie bei einem sichtbar abspringenden Reh? Weichen nicht auch bei Hase und Fasan darüber hinaus weitere Stoffwechselfunktionen vom Status quo in der Zeit vor der Störung ab? Abgesehen vom zweifelsohne höheren Energie-Output des flüchtenden Rehes besteht kein Unterschied. Die Tiere befinden sich unter vermeintlichem Feinddruck. So treten unsererseits unbemerkte Störungen sicherlich mindestens ebenso häufig auf wie offensichtlich durch Flucht quittierte Störreize. Erinnert sei in diesem Zusammenhang nicht zuletzt an sich drückendes Rehwild, das erst kurz vor dem direkten Aufeinandertreffen die Flucht ergreift.

Ohne an dieser Stelle detailliert auf wissenschaftliche Erkenntnisse einzugehen, soll zunächst eine Definition von „Störung“ versucht werden: Unter dem Begriff „Störung“ werden sämtliche Reize zusammengefasst, die ein Wildtier von seinem natürlichen Lebensrhythmus abhalten oder ihn unterbrechen und Ortswechsel der freien Wahl oder andere Aktivitäten wie zum Beispiel Fortpflanzung und Jungenaufzucht, Nahrungssuche und -aufnahme, Ruhen, Schlafen und Komfortverhalten verhindern oder im weitesten Sinne einschränken. Demzufolge rekrutiert sich ein Großteil der heimischen Wildtierfauna, vor allem aber das Wild zumindest bei Tageslicht fast lückenlos aus weitgehend „gestörten“ Individuen.

Eine Situation, die sich in einem dicht besiedelten Land wie Deutschland aber ganz automatisch und zwangsläufig einstellt. Und abgesehen von den jeweiligen Lebensraumverhältnissen und -veränderungen sowie dem Nahrungsangebot fußt die Unterscheidung in Kulturfolger und Kulturflüchter vor allem auf der Störungsanfälligkeit beziehungsweise der diesbezüglichen Anpassungs- und Lernfähigkeit der betreffenden Arten. Deshalb bin ich grundsätzlich der Meinung, dass sich angesichts des fortschreitenden Landverbrauchs im wirtschaftlichen Sinne sowie der steigenden Nutzung durch andere Interessen die heimische Wildtierfauna bis auf wenige Ausnahmen zumindest langfristig nur noch aus Kulturfolgern im weiteren Sinne zusammensetzen kann und wird. Schon heute zeigen die Ergebnisse diverser Forschungsprojekte, dass die Artenzahl sowie artspezifisch unterschiedlich auch die Zahl der Individuen pro Art in städtischen Lebensräumen mehr oder minder deutlich höher ist als in der umgebenden freien Landschaft.

Hinzu kommt als wichtiger Faktor die Jagd. Denn wild werden die allermeisten Wildarten erst durch die tatsächliche Bejagung und ihre Intensität. Dies zeigen Stadtfüchse und urbane Schwarzwildpopulationen in Deutschland ebenso wie zahlreiche Beispiele aus Nationalparks, in denen nicht oder nur stark eingeschränkt gejagt wird. Wie weit solche Lernprozesse gehen, zeigten mir Rot- und Steinwild während meiner Zeit im Nationalpark Berchtesgaden. Dort röhrten die Hirsche in's Hüttenfenster oder „ästen“ die Seife vom Brunnen. An die Rudel des Steinwildes konnte ich mich bis auf wenige Meter annähern. Dort, wo das Wild nicht (mehr) bejagt wird, lernt es sehr schnell, dass ihm vom Menschen keine Gefahr mehr droht und es nimmt uns als neutralen Bestandteil seines Lebensraumes wahr. Weitere offensichtliche Beispiele demonstrieren uns diverse Wasserwildarten auf vielen Park- und Stadtgewässern.

Beobachtungen von Schwarz- und Rotwild bei bestem Licht sind in den allermeisten Revieren längst seltene Ausnahmen. Vor allem die Jagd hat letztlich dafür gesorgt, dass Wildwiederkäuern sowie dem Schwarzwild lediglich die Nacht zu einer halbwegs störungsfreien Nahrungsaufnahme in offener Landschaft, auf Äsungsflächen oder Wildäckern bleibt. Als Folge quittieren auch viele weitere Wildarten die Omnipräsenz des „Feinbildes Mensch“ in der Landschaft mit weitgehender Unsichtbarkeit. Und je weiter wir unsere jagdlichen Aktivitäten in der Nacht über das unausweichliche Maß der Schwarzwildbejagung hinaus ausdehnen, umso höher wird die Belastung für das Wild und

„Wild" werden die allermeisten Wildarten erst durch die tatsächliche Bejagung und ihre Intensität. Foto: Katrin Burkhardt

seine ohnehin ausgeprägte Heimlichkeit steigt weiter an. Niemand darf glauben, dass das Wild uns nicht wahrnimmt, wenn wir selbst das Wild nicht wahrnehmen.

Solche Erkenntnisse sind für uns Jäger zwar „nicht schön", keinesfalls aber ein Grund die Flinte in's Korn zu werfen. Denn in Deutschland muss allein aus wirtschaftlichen und ökologischen Gründen sowie zum speziellen Artenschutz, beispielsweise für Bodenbrüter, gejagt werden. Ohne Wenn und Aber. Über das wann und wie lässt sich allerdings trefflich streiten. Insgesamt jedoch sollten wir nicht vergessen, dass auch wir ein maßgeblicher, in vielen Fällen gar der entscheidende Störfaktor sind. Ungeachtet dessen müssen wir jedoch weiterhin bemüht sein, Störungen zu reduzieren (s. Kästen S. 157 und S. 158).

Die Anfälligkeit und Reaktionen des Rehwildes auf Störungen werden regelmäßig unterschätzt. So zeigten nicht zuletzt telemetrische Untersuchungen am Institut für Wildtierforschung Hannover zur Prüfung der Reaktionen auf Umweltreize, wie leicht Rehe – im Unterschied zum Beispiel zum Damwild – aus der Fassung zu bringen sind: *„Bereits bei einer registrierten Annäherung durch eine einzelne Person erreicht die Herzfrequenz der Rehe immense Höhen. Um beim Damwild die gleiche Reaktion zu erreichen, muss man schon mit dem Trecker das Rudel unmittelbar umkreisen..."* (Sodeikat mündl. Mitteilung 2010).

Die für uns sichtbaren Reaktionen der Rehe auf verschiedene Störreize fallen jedoch sehr unterschiedlich aus, was im Folgenden einige Bei-

An einige Störreize scheint sich Wild nur schwer oder gar nicht gewöhnen zu können. Heißlufballons, Paraglider und tieffliegende Sportflugzeuge gehören dazu.
Foto: Lukas David

spiele aufzeigen sollen. Die in den zurückliegenden 15 bis 20 Jahren häufig zu lesende Erfahrung, dass auch Rehe den Wagen des Jägers bereits am Motorengeräusch erkennen, kann ich aus der eigenen Praxis nicht bestätigen. Diesbezügliche Tests zeigten, dass die Rehe den vermeintlich bekannten „Jagd-Golf" gleich gut oder gleich schlecht aushielten wie ein anderes Auto. Um das jeweilige Verhalten abschließend beurteilen zu können, sind jedoch eingehende Kenntnisse über die fallweise unterschiedlichen Erfahrungen, Erlebnisse und Verknüpfungen der Rehe mit einem bestimmten PKW in einem bestimmten Revier notwendig.

Grundsätzlich denke ich, dass bei der Beurteilung von Reaktionen auf bestimmte Störreize zu schematisch und normativ vorgegangen wird. Das Bewusstsein oder die Befindlichkeiten der Tiere werden häufig unterbewertet. Denn die Reaktion auf denselben oder einen vergleichbaren Störreiz ist offenbar ebenso von Erfahrungen, „von der Tagesform" wie auch von der jeweils spezifisch gegebenen Situation abhängig.

In meinem Pachtrevier liegt ein Reiterhof. Es liegt also in der Natur der Sache, dass unsere reitenden Mitmenschen und ihre Rosse, die Wege im Revier je nach Tages- und Jahreszeit in unterschiedlich hohem Maße nutzen. Entsprechend häufig bietet sich die Gelegenheit, Begegnungen zwischen dem Rehwild und Reitgespannen zu beobachten.

Dabei fällt auf, dass zum Beispiel ein und derselbe Rehbock in fast identischen Situationen an verschiedenen Tagen völlig unterschiedlich reagiert. Während er gestern noch Pferd und Reiter mehr oder weniger „entspannt" in einer Entfernung von nur etwa 40 Metern an sich vorbeitraben ließ, reagiert er heute bereits auf rund 80 Meter Entfernung mit sofortiger Flucht und hinterlässt den Eindruck, als ob ihm der Leibhaftige persönlich begegnet sei. Warum weiß niemand – außer ihm selbst. Auch Tiere reagieren eben nicht wie Maschinen sondern

Mögliche Maßnahmen im Feldrevier

- Revierübergreifende Zusammenarbeit.
- Besucherdruck dokumentieren (Revierkarte!).
- Aktuelle Lebensraumnutzung des Wildes dokumentieren.
- Anstehende Änderungen der Landwirtschaftsstruktur berücksichtigen.
- Ziele definieren.
- Informieren, aufklären.
- Markierte Wanderwege, Reitwege und Loipen ausweisen.
- Erklärende Schilder erhöhen die Akzeptanz.
- Wegekataster beachten (Gemeinde). Raine und weitere Bepflanzungen erhalten, pflegen und optimieren.
- Das weitere Wegenetz in Absprache mit den Landwirten möglichst weiträumig halten. Nicht mehr Wege und Zufahrten, als für die Bewirtschaftung der Schläge unbedingt notwendig sind (Überzeugungsarbeit).
- Aus dieser Sicht überflüssige Wege oder Pfade wegpflügen oder grubbern und bepflanzen.
- Förderung und Anlage von ausreichend breiten Hecken, Feldgehölzen und Grabenbepflanzungen als Deckung und Sichtschutz.
- Ausnutzung sämtlicher möglicher Fördermaßnahmen.
- Mosaikartiges Mähen oder Schlegeln von Stilllegungsflächen. Kein Kahlschlag!
- Anlage von Äsungsflächen in ruhigen Revierteilen.
- Zeitliche und räumliche Bejagungsschwerpunkte setzen.

Mögliche Maßnahmen im Waldrevier

- Besucherdruck dokumentieren (Revierkarte!).
- Aktuelle Lebensraumnutzung des Wildes dokumentieren.
- Ziele definieren.
- Informieren, aufklären.
- Markierte Wanderwege, Reitwege und Loipen ausweisen. „Illegale" Zugänge wegpflügen oder grubbern und bepflanzen. Offizielle Wege dagegen offensichtlich pflegen.
- Bei der Wegeplanung und Pflege unter Berücksichtigung der Störradien möglichst weite Wegeabstände anstreben. Engmaschige Netze vermeiden.
- Schneisen und Rückewege zupflanzen oder mit Scheingattern sperren (querliegende beastete Baumstämme).
- Schaffung von Sichtschutz an den Bestandesrändern. Zugang erschweren, zum Beispiel Brombeeren pflanzen und/oder fördern.
- Abseits des angestrebten Wegenetzes eingeschränkte Wegeunterhaltung (z. B. Brennesseln nicht mähen).
- Ausweisung von Ruhezonen.
- Den Jagdbetrieb in das jeweilige Konzept integrieren. Glaubwürdig bleiben: Eine Ruhezone muss auch jagdlich eine Ruhezone bleiben.
- Darüber hinaus zeitliche und räumliche Bejagungsschwerpunkte setzen.
- Attraktive, ansprechende Schilder und Hinweistafeln erhöhen die Akzeptanz aller Maßnahmen.
- Anlage von Äsungsflächen in ruhigen Revierteilen.

sehr variabel und aus unserer Sicht kaum berechenbar.

Deshalb liegt zum Beispiel auch bei den Diskussionen um die Auswirkungen der Reiterei auf das Verhalten des Wildes und folglich auf den Jagdbetrieb die Wahrheit wieder einmal in der Mitte. Es stimmt ebenso wenig, dass die Reiterei „überhaupt nicht stört", wie der oft gehörte Tenor, dass „die Reiterei eine erfolgreiche Jagdausübung gänzlich unmöglich macht".

Entsprechend vorsichtig sollten wir deshalb der jeweiligen Situation begegnen. Denn einerseits können wir es nicht unterbinden, andererseits wollen wir es bei genauem Hinsehen ja auch gar nicht. Warum auch? Zugegeben: Vieles hängt von dem Verhalten und der Disziplin der Reiter ab! Überall gibt es schwarze Schafe. Doch gehören zum Beispiel in den hiesigen Revieren in direkter Nachbarschaft des Mekkas der Vielseitigkeitsreiterei, Luhmühlen, Pferde und Reiter ganz einfach zum Landschaftsbild. Das ist ein Teil unserer Kultur, und sicher nicht der schlechteste.

Doch wird auch das „in völliger Ruhe vorbeilaufen lassen" bei

Beobachtungen des Wildverhaltens in verschiedenen Störungssituationen häufig falsch interpretiert. Denn das wie angewurzelt stehende Reh springt, abgesehen von der deutlich gesteigerten Pulsfrequenz, häufig nur deswegen nicht ab, weil es den Störreiz und die von ihm eventuell ausgehende Gefahr noch nicht eindeutig identifiziert hat. Dies trifft meistens auch auf Störungen zu, die sich einige Zeit vorher beispielsweise durch Geräusche akustisch ankündigen oder sichtbar werden, ohne ausreichend genau eingeschätzt werden zu können.

Dabei spielt aus Sicht des Wildes offenbar auch die Berechenbarkeit eine wichtige Rolle für die jeweilige Reaktion. Von Fall zu Fall kann auch ein völlig ambivalentes Verhalten beobachtet werden. Zum Beispiel das so genannte Scheinäsen mit einem sich ruckartig auf- und abbewegenden Haupt oder ein verunsichertes Hin- und Hertreten auf den Läufen. Ebenso kann es dazu kommen, dass Rehe auf eine noch nicht indentifizierte Störwelle zunächst direkt zuziehen, um sich ein genaueres Bild machen zu können.

Hinzu kommt, wie bereits erwähnt der Umstand, dass sich Wildtiere an bestimmte Störreize anpassen und ihr Verhalten daran ausrichten können. Dazu kann der Radfahrer, Reiter und letztlich eben auch der Spaziergänger zählen – nicht aber freilaufende Hunde oder der Pilzsammler im Zentrum der Einstände. Diese

Pferde und Reiter gehören in vielen Revieren Deutschlands zum Landschaftsbild. Das ist ein Teil unserer Kultur, und sicher nicht der schlechteste. Foto: Andreas David

Adaption kann soweit gehen, dass ein bestimmter Störreiz später nicht mehr als solcher wahrgenommen wird. So kenne ich seit geraumer Zeit nicht mehr bejagte Revierausschnitte, in denen das Rehwild auf Grünäsungsflächen Spaziergänger auf etwa 30 Meter an sich vorbeiziehen lässt, ohne dabei Zeichen von Verunsicherung oder bevorstehender Flucht zu zeigen. Wie lange solche Gewöhnungsprozesse andauern, ist jedoch unterschiedlich und weitgehend unbekannt. Dagegen wird auf Heißluftballons oder tief fliegende Sportflugzeuge nach wie vor in jeder Situation mit panischer Flucht reagiert.

Doch ist es generell schwierig, verschiedene Umweltreize und ihre Folgen objektiv zu bewerten. Natürlich stört es, wenn eine Äsungsperiode dreimal unterbrochen wird. Jedesmal ziehen oder springen die Rehe in die nächste Deckung, um nach einem unterschiedlich langen Zeitraum wieder an der Waldkante zu erscheinen. Oder eben nicht. Was dann im Wald passiert, können wir zwar meistens nicht direkt beobachten, aber, zum Beispiel durch entsprechende Vegetationsaufnahmen, sicher beurteilen. Sofern möglich, werden die Rehe versuchen, die Störquelle optisch weiter zu verfolgen und sie werden nach einiger Zeit zunächst im Wald beginnen zu äsen und im Zweifel auch die Gehölzpflanzen verbeißen, sofern sich kein anderes entsprechendes Äsungsspektrum anbietet. Dabei spricht de facto zunächst nichts gegen Verbiss. Der Verbiss von Waldbäumen ist ebenso natürlich wie die Rehe selbst. Ein gewisses Maß müssen wir folglich tolerieren.

An diesem Punkt gilt es erneut festzuhalten, dass die Höhe des Verbisses nicht automatisch eine Funktion der Wilddichte ist! So kann eine Minderung des Verbisses auch durch eine Störungsminimierung beziehungsweise Besucherlenkung oder eine angepasste Jagdpraxis erreicht werden. Besonders treffend formulierten Kalchreuter & Guthörl (1997) dieses hinsichtlich des wiederkäuenden Schalenwildes im Wald bekannte Dilemma: *„Das Wild soll einerseits intensiv bejagt werden, andererseits aber Naturfreunde tolerieren und schließlich unbeeinflusst von menschlichen Störreizen die bevorzugten Äsungsplätze aufsuchen und somit Schäl- und Verbissschäden minimieren."* Die Quadratur des Kreises – oder? Je weitgehender wir aber dem Wild den Zugang zu seinen bevorzugten, natürlichen Nahrungsressourcen verwehren, um so mehr besteht die Gefahr steigender Wildschäden.

Schlussendlich bleibt uns nichts anderes übrig, als ein gewisses Maß an Störungen zu akzeptieren. Zu deren Minimierung kann zunächst auch eine Umstellung der eigenen Jagdpraxis (z. B. Intervalljagd) beitragen (Burkhardt 2011). Daran gekoppelt sollten wir sämtliche möglichen Maßnahmen der Besucherlenkung und Aufklärungsarbeit ausloten. Denn mittlerweile zeigen uns doch einige Modelle und Konzepte, dass auch ein solches Ansinnen durchaus von Erfolg gekrönt sein kann.

In Waldrevieren finden sich verschiedene Wege wildfreundlicher Besucherlenkung. Markierte Wanderwege, Reitwege und Loipen einerseits, ungepflegte oder gar verblendete Wege andererseits. Schon bei der Planung sind unter Berücksichtigung der Störradien möglichst weite Wegeabstände anzustreben. Foto: Peter Burkhardt

Schrecken ohne Ende ...

Jeder Jäger und aufmerksame Naturbeobachter kennt die Lautäußerungen des Rehwildes. Doch was verbirgt sich dahinter? Während beim Klagen und Schreien die Hintergründe offensichtlich sind, geben uns das Fiepen, aber noch mehr das Schrecken immer wieder Rätsel auf.

Sämtliche Wildarten kommunizieren miteinander auf mehr oder minder komplexe und variable Art und Weise. Sie senden optische, akustische und olfaktorische Signale oder taktile Reize aus. Dabei sind zunächst zwei Grundformen zu unterscheiden: die innerartliche (intraspezifische) und zwischenartliche (interspezifische) Kommunikation.

Doch ist es zunächst egal, welche dieser Formen man einer näheren Betrachtung unterzieht. Stets ist sie eng verknüpft mit der Leistungsfähigkeit der Sinnesorgane. Denn die Grundvoraussetzung jedweder Kommunikation ist, dass die ausgesandten Signale auch wahrgenommen werden können. Denn nur so gelingt es, die Lebensäußerungen von Artgenossen und anderen Tieren im Lebensraum zu deuten und entsprechend reagieren zu können. Die Leistungsfähigkeit der Sinnesorgane einer jeden Art gibt demzufolge bereits eindeutige Hinweise auf die möglichen Formen der Kommunikation.

Wiederholt schreckend springt dieser Bock ab.
Foto: Burkhard Winsmann-Steins

Die wohl ursprünglichste Form des Austausches von Informationen bei Tieren läuft über Geruchssignale beziehungsweise chemische Substanzen. Auch das Rehwild sowie sämtliche anderen terrestrischen Säugetiere kommunizieren über olfaktorische Reize. Besonders wichtig sind diese Signale im Kontext sozialer Verhaltensweisen. Dazu zählen beispielsweise das Erkennen von Familien- oder Sippenmitgliedern über eine individuelle geruchliche Wahrnehmung, das Markieren von Territorien sowie die Fortpflanzung.

Neben dem innerartlichen Austausch aber haben olfaktorische Reize für Rehe eine überragende Bedeutung bei der Feindvermeidung und -erkennung. Nach Kolb (1975) gehört das Rehwild zu den Tieren mit der höchsten Zahl von Riechzellen pro Quadratmillimeter, die jene des Menschen um etwa das Zehnfache übertrifft.

Der Gesichtssinn beim Rehwild ist dagegen allenfalls mäßig ausgebildet. Dennoch darf seine Bedeutung für die die inner- oder zwischenartliche Kommunikation und die Feindvermeidung nicht unterbewertet werden. Denn trotz der Wahrnehmung lediglich leicht verzerrter

Standbilder mit geringer Tiefenschärfe und stark eingeschränkter Farbtauglichkeit bemerken Rehe als ausgezeichnete Bewegungsseher kleinste Bewegungen. Dies wiederum versetzt sie in die Lage, zum Beispiel Annäherungen von Feinden oder Artgenossen sowie deren Droh- oder andere Gebärden zu erkennen und entsprechend zu reagieren.

Über das Leistungsvermögen des Gehörsinns beim Rehwild sowie seine kommunikative Bedeutung gehen die Meinungen dagegen weit auseinander – auch unter Jägern. Was seinen Ursprung meines Erachtens aber lediglich in der Bewertung der Reaktion oder eben Nichtreaktion seitens der Rehe durch den jeweiligen menschlichen Beobachter hat. Denn dass ein Reh auf ein bestimmtes Geräusch nicht die unsererseits vielleicht erwartete Reaktion zeigt, bedeutet nicht, dass es das Geräusch oder einen anderen Laut nicht wahrgenommen hat. Gewöhnungen und Erfahrungen an beziehungsweise mit bestimmten Geräuschen sowie die jeweilige Situation spielen hinsichtlich der Reaktion eine wichtige Rolle. Und wer selbst schon auf der Pirsch die Erfahrung gemacht hat, wie Rehe auch auf relativ weite Entfernung schon auf das geringste Knacken eines trockenen Zweiges oder das Rascheln des Herbstlaubes reagieren können, wird erahnen, wie gut ihr Gehörsinn tatsächlich ausgebildet ist.

Wie aber steht es um die Wahrnehmung und Verarbeitung arteigener Laute? Was kann man als innerartliche Kommunikation deuten, was lediglich als individuelle Lautgaben ohne weitere Bedeutung für in der Nähe befindliche Artgenossen? Allgemein gehören arteigene Kommunikationslaute zu den biologisch besonders relevanten Umweltreizen, da ihnen einerseits für das Zusammenleben, andererseits für das eigene Überleben eine überragende Bedeutung beigemessen werden muss.

Wie alle Wildarten nutzt auch das Rehwild sein Atmungssystem zur Lautbildung. Stark vereinfacht beschrieben, wird dabei Atemluft durch einen Spalt im Kehlkopf in einen Resonanzraum, die Mund- und/oder Nasenhöhle gepresst. Fasst man die uns bisher bekannten Lautäußerungen grob zusammen, klagen, fiepen, schreien, keuchen und schrecken Rehe. Sämtliche Töne werden von beiden Geschlechtern ausgestoßen. Darüber hinaus nutzen Rehböcke eine dem Schrecken sehr ähnliche Lautäußerung zur Markierung ihrer Territorien. Bei der Frage, ob und in welcher Intensität Rehe überhaupt Laute von sich geben, spielen die äußeren Umstände sowie die emotionale, psychische und physiche Verfassung eine wichtige Rolle. Denn ohne Beunruhigung, Gefahr, Krankheiten, Schmerzen oder soziale Interaktionen sind Rehe fast stumm.

Rehe klagen bei Schmerzen und in höchster Not. Das durchdringende und weithin hörbare Schreien mit offenem Äser – ähnlich einem langgezogenen und tremolierenden „Neeiiin" – wird bei schweren, akuten Verletzungen, dem Packen durch Hunde und andere Beutegreifer sowie den Menschen ausgestoßen. So klagen Rehe, wenn sie auf der Nachsuche zum Abfangen ergriffen werden, weshalb der Fangschuss stets die bessere Wahl ist. Oder sie klagen auch gesund nach dem Fang, zum Beispiel zur Markierung, wenn sie festgehalten und an der Flucht gehindert werden. Eine Bedeutung im Sinne der innerartlichen Kommunikation kommt dem Klagen nicht zu. Wohl aber kann es Raubwild anlocken. Der Angstschrei wird überwiegend von jungen Kitzen ausgestoßen, selten von älteren Rehen. Dabei handelt es sich um einen schrillen und hellen Fieplaut, der die Ricke alarmieren soll. Im Normalfall sucht die führende Ricke umgehend ihr Kitz auf und versucht den Angreifer durch Vorderlaufschläge in die Flucht zu schlagen (David 1999). Kurt (1991) fand heraus, dass Ricken, die zum ersten Mal setzten, deutlich häufiger auch auf eine künstliche Lautquelle (Tonband) zustürmen als ältere erfahrene Ricken. Dies selbst dann noch, wenn das eigene Kitz ihnen bereits folgte. Ebenso lassen sich jüngere Geißen mit noch sehr jungen Kitzen häufiger in die Irre führen als solche, deren Kitze bereits älter sind. Erfahrene, alte Ricken dagegen suchten im Rahmen der Versuche beim Ertönen des künstlichen Angstschreis überhaupt nie die Tonquelle, sondern höchstens ihre eigenen Kitze auf.

Weiterhin ist das Fiepen als Kontaktlaut und natürlich zur Brunft zu hören. Als Kontaktlaut ist es einerseits von Kitzen zu hören, vor allem (aber nicht nur!), wenn sie länger nicht gesäugt wurden – dann mitunter sehr häufig in kürzester Zeit. Ebenso fiept die Ricke, um die Kitze

Alle Sinne auf Empfang und die Störung fest im Blick.
Foto: Willi Rolfes

herbeizulocken. Andererseits wird es bei Ortswechseln oder von abgesprengten Stücken ausgestoßen und dient dann offenbar dem Gruppenzusammenhalt. Ebenso ist es, wenn auch selten, bei der Aufforderung zum Nachfolgen zu hören.

Zur Brunft beziehungsweise Blattzeit fiepen Ricken, Schmalrehe und Böcke im Rahmen des Reproduktionsverhaltens. Der Bock fiept auf der Fährte der brunftigen Ricke und mitunter beim Treiben, Schmalreh und Ricke fiepen beim Treiben. Die Laute sind bekannt und dienen uns zur Lockjagd während der Blattzeit. Während die Hintergründe von Klagen, Schreien und Fiepen weitestgehend geklärt sind, geben uns die Motivation und der konkrete Anlass zum Schrecken in vielen Fällen noch immer Rätsel auf. Jeder Jäger kennt die Situationen in denen die Rehe uns oder andere vermeintliche Gefahren eräugen und spontan abspringen, um dann in sicherer Deckung zu schrecken: einmal, zweimal... Bööööh, bö, bö, bö ... Gewiss – Rehe schrecken bei Beunruhigung, Ungewissheit und Aufregung. Und am häufigsten dann, wenn sie etwas wahrgenommen haben, was sie nicht einschätzen können und von dem sie zuvor keine Wittrung bekommen haben. Doch gibt es schon hier individuelle und situationsbedingte Unterschiede. Während Reh A, wie beschrieben zunächst die nächste Deckung annimmt um dort zu schrecken, bölkt Reh B uns direkt an, ohne erst zu flüchten. Und Reh C (meistens jung) äugt uns zwar an, wippt aber zunächst nur von einem Vorderlauf auf den anderen, schwankt zwischen Scheinäsen und Sichern, „sagt" aber gar nichts und zieht sogar noch auf uns zu. Kommt es dann unsererseits zum „Outing", fegt es in Deckung, um dort nicht selten eine regelrechte Kanonade von weithin hörbaren Schrecklauten abzusenden.

Üblicherweise wird das Schrecken den Warnlauten zugeordnet. Nach dem Motto „Passt auf, es droht Gefahr" sollen durch das eigene Schrecken nähere Verwandte zu erhöhter Aufmerksamkeit bishin zur Flucht veranlasst werden. Offenbar scheinen aber auch Rehe, wie wir Menschen, mitunter aneinander vorbeizureden oder nicht zuzuhören. Etliche Male habe ich beobachtet, dass „A und B" zusammen auf einer Fläche äsen, A mich eräugt hat, sofort flüchtet und aus der Deckung schreckt, während B in aller Seelenruhe weiter äst. Ebenso oft aber reichte ein einziger Laut, um die Bühne leerzufegen. Ich glaube, dass es von situationsbedingt unterschiedlichen Stimmungen abhängt, wie Rehe auf eine Störquelle und auch auf das Schrecken von Sippenmitgliedern oder sogar weiter entfernt stehenden Rehen reagieren. Was ist vorher passiert? In welcher Stimmung befindet sich folglich das Reh? Ist es auf „Alarm“ eingestellt? Oder ist es umweltbedingt ohnehin ein störungsintensiver Revierteil, in dem eine gewisse Gewöhnung eingesetzt hat?

So konnte ich im Frühling 2010 nach dem ersten Grasschnitt einen wohl zweijährigen Bock in etwa kniehohem Gras beobachten, der zwei Reiter auf etwa 80 Meter ruhig sichernd an sich vorüberziehen ließ, um im Anschluss völlig ruhig weiter zu äsen. Derselbe Bock reagierte am nächsten Abend auf ein einzelnes Gespann aus Ross und Reiter jedoch völlig anders: Hohe Flucht ins unterwuchsreiche Kiefernstangenholz, kurze Stille und dann folgte eine mehrminütige Schreckorgie mit mehr oder minder langen Pausen. Was er tags zuvor offenbar als harmlose Ruhestörung betrachtete, wertete er gut 24 Stunden später scheinbar als akute Gefahr. War es nicht sein Tag? Passte ihm die Zeit nicht? Hatte ihn ein vorheriges Ereignis während des Tages auf Flucht und Schrecken geprägt? Wer weiß? Manchmal habe ich auch den Eindruck als würden Rehe nur deswegen schrecken, weil sie es gerade so wollen. Vor allem an sommerlichen Abenden kann es passieren, dass ein Reh ohne ersichtlichen Grund beginnt zu schrecken. Kurz darauf melden oder antworten (?) dann einige Rehe des betreffenden Revierteiles aus den unterschiedlichsten Richtungen: aus Wald und Wiese, aus Raps und Röhricht. Gefahr oder Misstrauen kann nicht der Grund sein. Eine kollektive Warnung kommt als Motivation also nicht in Betracht. Was aber dann? Sind es Kontaktlaute? Melden die Böcke vor dem Hintergrund der sommerlichen Territorialität ihre Anwesenheit? Thor (2011) schildert für derartige Konzerte einen soziobiologischen Hintergrund: *„Hallo, hier bin ich, und ich achte auch auf unsere Sippe!“*

Im Herbst und Winter habe ich solche Beobachtungen jedoch bisher nicht gemacht, was zunächst gegen diese soziobiologische These spricht. Doch schrecken Rehe in dieser Zeit ohnehin viel seltener – wenn überhaupt. Weder im November noch im Januar 2002 gelang es mir, durch entsprechende Tonbandversuche, aus sicherer Deckung und gegen den Wind, das Schrecken von in der Nähe befindlichen, teilweise sichtbaren Rehen zu provozieren. Im Mai und Juli desselben Jahres gelangen die Versuche dagegen fast regelmäßig. Allgemein wird dieses abweichende Verhalten damit erklärt, dass es durch die weitgehend fehlende Vegetation und folglich wesentlich weniger Deckung deutlich seltener zu überraschenden Begegnungen mit vermeintlichen Gefahren- oder Störquellen kommt. Eine scheinbar plausible Erklärung. So ist es auch bei direkter Verfolgung zum Beispiel durch jagende Hunde im Rahmen von Drückjagden nicht zu hören, selbst wenn die nächste Deckung bereits erreicht ist und die Rehe verhoffen, um sich neu zu orientieren. In diesen Situationen wäre es auch kontraproduktiv, da es den direkten Verfolger auf die in Deckung befindlichen Rehe aufmerksam machen würde.

Ungeachtet dessen spielt die Territorialität der Böcke eine gewisse Rolle. Mit einem kurzen Schrecklaut signalisieren sie vor allem im Mai und Juni ihre Anwesenheit und markieren damit ihre Territorien. Altmeister Ferdinand von Raesfeld bezeichnete dieses Schrecken als „Trutzlaut" oder „Trutzschrei". Dies mag der Hintergrund für Beobachtungen sein, bei denen ältere Böcke plötzlich und für uns scheinbar unmotiviert anfangen zu schrecken. Andererseits schrecken vor allem auch Jährlinge, die auf einer Äsungsfläche den austretenden Platzbock eräugen.

Abschließend sei ein Erlebnis im polnischen Revier Posnowitz (Schlesien) aus dem August 1991 geschildert: Jagdfreund Hennig beschoss auf nur etwa 30 Meter aus der ersten Maisreihe heraus einen starken Sechser auf einem angrenzenden Stoppelfeld – wie sich später herausstellen sollte mit einem absolut tödlichen Kammerschuss. Der Bock sprang ohne zu zeichnen etwa 20 Fluchten ab und verhoffte. Dann schreckte er einige Male, taumelte kurz und brach zusammen. Im Gegensatz zur Überschrift dieses Kapitels handelte es sich in diesem Fall im Sinne des Wortes um ein Ende mit Schrecken.

Husten, Keuchen und „Pupsen" sind Laute, die wir selbst nur allzu gut kennen, weshalb auf eine weitergehende Beschreibung an dieser Stelle verzichtet werden soll …

Zu guter Letzt ...

Immer wieder beschwören wir auf den Hegeschauen und anderen öffentlichkeitswirksamen Auftritten unserer jagdlichen Organisationen die Nachhaltigkeit der Jagd: Jagd nutzt, was nachwächst. Okay, wie könnte es anders sein? Doch hat sich die politisch gesellschaftliche Definition der Nachhaltigkeit mittlerweile stark verändert. Folglich sollten, ja müssen wir auch Teile der aktuellen Jagdausübung einer diesbezüglich kritischen Betrachtung unterziehen.

Geht es um die Nutzung nachwachsender Ressourcen, wird der Begriff oder das Prinzip der Nachhaltigkeit heute ebenso oft ge- wie überfordert. Alles muss oder sollte irgendwie nachhaltig sein. Es ist in Zügen vergleichbar mit der alltäglichen Vergewaltigung der Ökologie. Denn wenn man in unseren Medien heute hört oder liest, wer oder was alles mit dem Adjektiv „ökologisch" geschmückt wird, dann ist das gelinde gesagt abenteuerlich. Allein angesichts der Tatsache, dass die Ökologie an sich nicht wertet oder bewertet, ist es schlichtweg unsinnig, irgendetwas als „ökologisch wertvoll" oder wie auch immer zu bezeichnen. Umweltverträglich wäre also sicher passender. „Ökologisch" macht aber mehr her. Und immerhin gibt es ja auch einen Ökologischen Jagdverein – was immer das heißen mag ... Und wer weiß? Vielleicht

gründet sich ja auch bald ein Nachhaltiger Jagdverein.

Nachhaltigkeit! Klingt gut, oder? Und vor allem rechtfertigt es eigentlich alles. Oder besser, es kann oder könnte alles rechtfertigen. Denn „nicht mehr zu nutzen als nachwächst“, schließt jedweden Raubbau weitestgehend aus. Doch hat sich seit der erstmaligen Formulierung des Nachhaltigkeitsprinzips in der Forstwirtschaft durch Hans Carl von Carlowitz in seiner „Sylvicultura oeconomica“ (Ökonomie der Waldwirtschaft) im Jahre 1713 einiges getan. Nachzulesen ist dies im Brundtland-Bericht (1987) der Weltkommission für Umwelt und Entwicklung, in der Helsinki-Resolution (1993) sowie in den Beschlüssen des Weltumwelt-Gipfels 1992 in Rio und der Folgekonferenz 2002 in Johannesburg. Und selbstredend hat auch die deutsche Bundesregierung im Jahre 2002 einen breit angelegten Zielkatalog der Nachhaltigkeitsstrategie entworfen. All diese Berichte und Kataloge haben gemeinsam, dass sie den Begriff der „Nachhaltigkeit“ inhaltlich auf eine „Zukunftsfähigkeit“ in den Dimensionen der Umwelt, Wirtschaft und Gesellschaft fixieren. Für die Jagd bedeutet das: Nachhaltig zu jagen, heißt zukunftsfähig zu jagen.

Um eine nachhaltige jagdliche Nutzung zu charakterisieren, reicht es also nicht mehr aus, „nicht mehr zu nutzen, als nachwächst“. Und bei genauem Hinsehen wirft die Bejagung einiger Wildarten hinsichtlich ihrer Nachhaltigkeit deshalb erhebliche Probleme und Fragen auf.

Gute Beispiele dafür, was es heißt, eben nicht nachhaltig zu jagen, finden sich in zahlreichen Regionen Deutschlands bezüglich der Rehwildbejagung in den zurückliegenden Jahrzehnten. Hier und dort hat der Bestand zuvor unbekannte Höhen erreicht, verbunden mit regional unterschiedlich hohen bis unzumutbaren Verbissschäden. So war und ist die Bejagung des Rehwildes vielerorts in Deutschland alles andere als nachhaltig! Den oben zitierten Berichten folgend, handelt es sich dabei eher um einen destruktiven Wachstumsprozess als um nachhaltige Jagdausübung. Dies obwohl wir über lange Zeit sogar noch weit weniger „genutzt haben als nachwächst", und dies in unterschiedlich hohem Maße leider immer noch tun. Noch immer lassen wir (auch) Rehwildpopulationen weiter anwachsen; mit allen tatsächlichen oder zu erwartenden negativen Folgen.

Es wird also Zeit zum Umdenken. Denn die so oft und gern zitierte Aussage, dass die Jagd dem Prinzip der nachhaltigen Nutzung natürlicher Ressourcen entspricht, trifft in vielen Fällen leider nicht mehr zu. Der aktuellen Definition folgend bedeutet Nachhaltigkeit, nicht allein so zu jagen, dass es dem bejagten Wildbestand „nicht schadet". Das Gegenteil kann der Fall sein. Nachhaltigkeit im jagdlichen Sinne kann vielmehr auch bedeuten, dass man ab einer bestimmten Wilddichte das, was nach- beziehungsweise zuwächst, sprich den jagdlich nutzbaren Zuwachs, tatsächlich auch nutzen muss. Darüber hinaus kann auch eine deutliche Reduktion einer bestimmten Wildpopulation durchaus dem Prinzip der Nachhaltigkeit in seiner heutigen Form entsprechen. Entgegen dem Ansatz von Carlowitz muss dann sogar weit mehr genutzt werden als nachwächst.

Dabei gilt es von Wildart zu Wildart zu unterscheiden, was im Sinne der jeweils bejagten Art und des betroffenen Ökosystems selbst, aber auch hinsichtlich der landeskulturellen Rahmenbedingungen nachhaltig beziehungsweise zukunftsfähig ist. Im Sinne der politisch beschworenen Nachhaltigkeit sollten wir, um „zukunftsfähig" zu bleiben, unsere Jagdausübung also den aktuellen Erfordernissen und Rahmenbedingungen anpassen. Denn zur Nachhaltigkeit von heute gehören Schutz, Nutzung und Kontrolle sowie eine weitest mögliche gesellschaftliche und wirtschaftliche Akzeptanz. Das große Schild „Jagd ist nachhaltige Nutzung" über dem Eingang zur Jahreshauptversammlung mit Hegeschau allein reicht jedenfalls nicht mehr aus.

Vor etwa 20 Jahren habe ich im Rahmen einer jener Hegeschauen eine Diskussion mit einem passioniert jagenden und wortgewaltigen niedersächsischen Verwaltungsbeamten der höheren Besoldungsgruppen geführt, die mir bis heute im Gedächtnis haften blieb. Für den damaligen Oberkreisdirektor war Jagddruck schlichtweg nicht existent. Meine angeführten Beispiele, seinerzeit durch aktuelle wissenschaftliche Erhebungen unterlegt, verneinte er und tat sie wörtlich als „Tüddelkram" ab. Sicher war hier eher der Wunsch der Vater des Gedankens denn feste Überzeugung oder er folgerte angesichts der eigenen Jagdpraxis messerscharf, dass nicht sein kann, was nicht sein darf. Doch begegnen mir bis heute derartige Äußerungen in schöner Regelmäßigkeit.

In der Fachliteratur wird Jagddruck lediglich als eine von zahlreichen menschlichen Störungsformen geführt (z. B. Petrak 2001). Dabei ist jedoch zu berücksichtigen, dass beim Jagddruck im Unterschied zu anderen Störreizen bei den tatsächlich bejagten Arten keine Gewöhnung stattfindet. Denn Jagddruck wirkt im Zweifel sofort tödlich.

Dabei ist Jagddruck an sich kein spezifisch menschliches Phänomen. Denn es jagen bekanntlich nicht nur Menschen. So ist es seit langem bekannt, wie das Rehwild sein Raum-Zeit-Verhalten verändert, wenn plötzlich Luchs oder Wolf auftauchen. Diese Verhaltensänderungen entsprechen natürlichen Strategien, die sich im jahrhunderttausende langen Nebeneinander von Beutegreifern und ihren Beutetieren entwickelt und bewährt haben. Wobei dann nicht von anthropogenem Jagd- sondern natürlichem Beutegreiferdruck gesprochen wird.

Die Folgen sind jedoch vergleichbar: Das Wild wird heimlicher. Die Ergebnisse wildbiologischer Forschung zu dieser Thematik sind eindeutig. Das zeigen unzweifelhaft jene großen Reviere oder Forstämter, in denen die Schalerwildbejagung von einer unberechenbaren und dauerhaften Ansitz- und Pirschjagd mit hohem Jagddruck auf eine zielgerichtete Schwerpunktbejagung und/ oder Intervalljagd sowie einige wenige Bewegungsjagden umgestellt wurden.

Schon nach relativ kurzer Zeit wurden sämtliche Schalenwildarten vermehrt tagaktiv und deutlich vertrauter als zuvor, was schließlich zu spürbaren Rückgängen der Verbiss- und Schälschäden führte. Es ist für mich immer wieder beeindruckend, selbst Rotwild tagsüber bei allerbestem Licht und weitgehend vertraut im Grünland oder auf Schneisen und Brandschutzstreifen beobachten zu können.

Das Ganze wurde wohlgemerkt bei etwa gleich bleibenden, teilweise gar steigenden Abschusszahlen erreicht. Allerdings wurden diese jagdstrategischen Umstellungen meistens auch von Maßnahmen zur Lebensraumberuhigung und Besucherlenkung begleitet. So wurden neben den jagdlichen auch andere anthropogene Störreize reduziert.

Spricht man heute über Jagddruck, steht fast ausnahmslos das Schalenwild im Mittelpunkt. Dies umso mehr, als dass die großen Beutegreifer wie Bär, Luchs und Wolf in Mitteleuropa großflächig verschwunden sind. Auch, wenn sich vor allem der Wolf hier und dort anschickt, dereinst durch Ausrottung verlorenes Areal erneut zu besiedeln.

So unterliegen in über 99 Prozent aller deutschen Reviere die jeweils vorkommenden Schalenwildarten, von einigen Jungwildverlusten durch Beutegreifer abgesehen, lediglich einem Jagddruck. Unserem! Das Rehwild unterliegt diesem Druck im Zweifel neun Monate eines jeden Jahres.

Vor allem in jenen Waldrevieren also, wo es zu realistisch unzumutbaren Verbissschäden kommt, müssen wir bemüht sein, diesen Druck zu senken. Dabei wird von vielen unserer Mitjäger jedoch noch immer verkannt, dass der Jagddruck durch die vermeintlich beschauliche Ansitzjagd im Sinne einer Dauerbelagerung langfristig deutlich höher ist, als jene durch Bewegungsjagden mit Treibern und/oder Hunden, die nur ein oder maximal zwei Mal pro Jahr im selben Revierteil stattfinden. Denn genau deshalb bedient man sich ihrer ja in etlichen privaten und fiskalischen Waldrevieren.

Deshalb möchte ich an dieser Stelle auch Sie, liebe Leserinnen und Leser, dazu ermuntern, unnötigen Jagddruck – wann und wo immer möglich – zu reduzieren. Im Sinne des Wildes und seiner Lebensräume.

Bitte nehmen Sie darüber hinaus einen Abgleich mit sonstigen Störreizen und ihrer Intensität vor. Testen Sie in diesem Rahmen die revierspezifisch möglichen Maßnahmen der Besucherlenkung. So kann es mit etwas Geduld und Akribie gelingen, ein wild- und lebensraumverträgliches Gesamtkonzept zu entwickeln.

Bei der Jagd selbst sollten Sie nach der ersten missglückten Bewegungsjagd oder dem ersten unbefriedigendem Sammelansitz (Intervalljagd), die Flinte nicht gleich ins Korn werfen. Bekanntlich ist nicht jeder Tag Fangtag und häufig spielen dabei Faktoren eine Rolle, die wir nicht berechnen und nicht beeinflussen können. Konsequenz und Flexibilität im Sinne einer fortwährenden Optimierung sind dann gefragt.

Dabei brauchen Sie die Ansitzjagd durchaus nicht gänzlich ad acta zu legen. Doch ist weniger in etlichen Fällen bekanntlich mehr. Die Freude an der Jagd bleibt deswegen nicht auf der Strecke. Da spreche ich aus eigener Erfahrung. Im Gegenteil – Sie werden im Zweifel mehr erfolgreiche Ansitze erleben als zuvor.

Einige Jäger übertragen auch ihre eigene innere Unruhe oder beruflichen Druck häufig auf die eigene Jagdausübung. So werden an einem Abend oder Morgen nicht selten zwei oder drei Ansitzeinrichtungen angefahren oder angepirscht. Ständiges Auf- und Abbaumen und häufige Ortswechsel führen dann auch in ansonsten „ruhigen Ecken“ zu erhöhter Scheu und letztlich dazu, dass die Rehe ihre Aktivitäten außerhalb der Deckung unnötigerweise vermehrt in die Dämmerung und Nacht verschieben. Dies auch in Revieren, in denen das Rehwild ansonsten vermehrt tagsüber zu beobachten wäre, was bei gekonntem Einsatz die Bejagung wesentlich erleichtert. Wir sollten es also im übertragenen Sinne mit dem ehemaligen Welttorhüter Olli Kahn halten: *„Mit Druck muss man umgehen können …“* Bleiben Sie auf der Fährte!

Literaturverzeichnis

ANDERSON, R.; DUNCAN, P.; LINELL, J. (1998): The European Roe Deer: The Biology of Success. Scandinavian University Press, Oslo, Stockholm, Kopenhagen, Oxford und Boston.

ARNOLD, W. (2009): Jagdzeiten verkürzen! Erkenntnisse der Wissenschaft. Tagungsband zum 4. Rotwildsymposium der Deutschen Wildtier Stiftung; 44–55.

BRAMLEY, P. S. (1970): Territoriality and reproductive behaviour of roe deer. J. Reprod. Fert. 11, 43–70.

BUBENIK, A. (1965): Beitrag zur Geburtskunde und zu den Mutter-Kind-Beziehungen des Reh- und Rotwildes. Z. Säugetierkd. 30, 65–128.

BURKHARDT, P. (2011): Ein Jahr im Rotwildrevier. Müller Rüschlikon Verlag, Stuttgart.

DANILKIN, A.; HEWISON M. (1996): Behavioural ecology of Siberian and European roe deer. Chapman & Hall, London.

DAVID, A. (1995): Mehr Wald ins Feld. Wild und Hund 6/1995, 22–25.

DAVID, A. (1998): Das Reh – Freud- und Leidwild deutscher Jagd. Jagdreport, Edition JAFONA, 5–11.

DAVID, A. (1999): Wenn Ricken zu Furien werden. Wild und Hund 10/1999, 38–46.

DELANY, M.J. (1982): Mammal Ecology. Chapmann & Hall, New York.

ELLENBERG, H. (1974): Beiträge zur Ökologiedes Rehes (Capreolus capreolus L.). Dissertation Universität Kiel.

ELLENBERG, H. (1975): Neue Ergebnisse der Rehökologie: Zählbarkeit, Wachstum, Vermehrung. Allg. Forstzeitschr. 30, 1113–1118.

ELLENBERG, H. (1978): Zur Populationsökologie des Rehes (Capreolus capreolus L.) in Mitteleuropa. Spixiana 2, München.

ELLIGER, A. (1999): Rehwildmarkierung - Bericht 1999. WFS-Mitteilungen 2/1999, Wildforschungsstelle des Landes Baden-Württemberg, Aulendorf.

HABERMEHL, K.H.; RATTI, P. (1973): Statistische Erhebungen über die Rehgablerstrecke der Patentjagd 1970 im Kanton Graubünden. Z. Jagdwiss. 19/4; 169–182.

HENNIG, R. (1962): Über das Verhalten der Rehböcke. Z. Jagdwiss. 8/2, 61–81.

IMMELMANN, K. (1982): Wörterbuch der Verhaltensforschung. Verlag Paul Parey, Hamburg und Berlin.

KERSCHAGL, W. (1952): Rehwildkunde. Hubertusverlag, Wien.

KURT, F. (1968): Zusammenhänge zwischen Verhalten und Fortpflanzungsleistung beim Reh (Capreolus capreolus L.). Z. Jagdwiss. 14, 97–106.

KURT, F. (1974): Rehwildforschung in der Schweiz. Beitr. Jagd- und Wildforsch. 8, 97–116.

KURT, F. (1991): Das Reh in der Kulturlandschaft. Verlag Paul Parey, Hamburg und Berlin.

LINELL, J.D.C.; ANDERSEN R. (1995): Site tenacity in roe deer. Short-term effects of Logging.Wildlife society Bulletin 23/1, 31–35.

MEIER, E. (1983): Das Territorialverhalten der Rehböcke. In: Das Rehprojekt von Staffelbach und Zizers (Mertens & Turner, ed.), 21–35.

NEUBERT, E. (1970): Beschlagenes Rehkitz. Unsere Jagd 20/7, 212.

NEUHAUS, A. H.; SCHAICH, K. (1985): Raesfeld – Das Rehwild. 9. Auflage, Verlag Paul Parey, Hamburg und Berlin.

OSGYAN, W. (1989): Rehwild-Report. Nimrod-Verlag, Bothel.

OSGYAN, W. (2001): Auf die Territorien kommt es an. Wild und Hund Exklusiv 17, 18–25.

PETRAK, M. (2000): Jagdreviergestaltung. Franckh-Kosmos Verlags-GmbH, Stuttgart.

PETRAK, M. (2003): Die Entwicklung der Wildbestände im Spiegel der naturräumlichen und sozialen Entwicklung. Wald in Nordrhein Westfalen 2, Aschendorff Verlag, Münster.

PIELOWSKI, Z. (1983): Ökologische Grundlagen der Rehwildhege. Wildbiologische Informationen für den Jäger, Enke Verlag, Stuttgart.

PIELOWSKI, Z. (1983): Das Fedreh – eine Bereicherung der Wildtierfauna. Wildbiologische Informationen für den Jäger, Enke Verlag, Stuttgart.

REIMOSER et al. (1989): Rehwildmarkierung in Niederösterreich. Österreichs Weidwerk 3: 18-22.

RIECK, W. (1955): Die Setzzeit bei Reh-, Rot- und Damwild in Mitteleuropa. Z. Jagdwiss. 1, 69–75.

SÄGESSER, H. (1968): Analyse der Setzzeiten (1965–1967) beim Reh im Schweizerischen Mittelland. Beitr. Jagd- und Wildforsch. 6, 35–46.

STRANDGAARD, H. (1972): The roe deer (Capreolus capreolus) population at Kalö and the factors regulating its size. Danish Review of Game Biology 7, 1–205.

STUBBE, C. (1997): Rehwild. Parey Buchverlag, Berlin.

STUBBE, C.; STUBBE, W. (1985): Ergebnisse der Rehwildmarkierung im Wildforschungsgebiet Hakel. Unsere Jagd. 35/6 172-173.

STUBBE, C.; STUBBE, M.; ZÖRNER, H. (1986): Der Populationsumsatz des Rehwildes im Wildforschungsgebiet Hakel. Beitr. Jagd- und Wildforschung 14, 182–192.

STUBBE, C., LOCKOW, W. (1994): Alters- und Qualitätsbestimmung des erlegten Schalenwildes. Deutscher Landwirtschaftsverlag, Berlin.

SZEDERJEI, A.; SZEDERJEI, M. (1971): Geheimnis des Weltrekordes – Das Reh. Terra, Budapest.

THOR, G. (2011): Schreck lass nach. Jäger 8/2011, 32–35.

UECKERMANN, E. (1996): Der Rehwildabschuß (7.Auflage). Parey Buchverlag, Berlin.

VOORMANN, R. (1939): Über die Gehörnentwicklung bei gezeichneten Rehböcken. Deutsche Jagd 24, 409–411.

WAGENKNECHT, E. (1983) Rehwildhege mit der Büchse. Verlag J. Neumann-Neudamm, Melsungen.

WOTSCHIKOWSKY, U. (1997): Die Rehe von Hahnebaum. Wildbiologische Gesellschaft München.

ZEILER, H. (2009): Rehe im Wald. Österreichischer Jagd- und Fischereiverlag, Wien.